中　华　工　艺

丛书主编 … 万建中
丛书副主编 … 张巨才

中华民俗图文书系
Chinese Folk Culture Photo Book Series

中华工艺

张丽君 … 著

农村读物出版社

图书在版编目（CIP）数据

中华工艺／张丽君著.—北京：农村读物出版社，2010.1
ISBN 978－7－5048－5271－7

Ⅰ.中… Ⅱ.张… Ⅲ.工艺美术－基本知识—中国 Ⅳ.J52

中国版本图书馆CIP数据核字（2009）第147398号

策划：刘宁波

责任编辑　李红枫
文字编辑　蒋雨菲
出　　版　农村读物出版社（北京市朝阳区农展馆北路2号 100125）
发　　行　新华书店北京发行所
印　　刷　中国农业出版社印刷厂
开　　本　720mm×1000mm　1/16
印　　张　12.25
字　　数　250千
版　　次　2010年5月第1版　　2010年5月北京第1次印刷
印　　数　1～8000册
定　　价　35.00元

目录

Chinese Folk Art Crafts

Contents

目录 Chinese Folk Art Crafts Contents

壹

中华工艺概述

北京房山藤编莱筐

手工艺品，也称为“民间手工艺品”，是劳动人民为适应生活需要和审美要求，就地取材，手工生产的工艺品。手工艺品的种类繁多，因各地区、各民族的地理环境、社会经济、历史文化、风俗习尚、审美趣味的不同，各地的手工艺品形成了具有地域特色的风格特征，展示了中国手工艺术的风貌。

手工制作工艺是中华民族文化艺术宝库中的一颗璀璨明珠。手工制作工艺在我国民间具有悠久的历史。传统的手工艺品不但是民族文化艺术瑰宝，而且常常是日常生活用品，手工艺品因人们的实际生活需要而产生，大多是劳动人民直接创造的，与人民生活关系密切。所以，民间工艺也被称为“炕头艺术”。民间工艺品不但具有装饰性，而且还有很强的实用性，是源于生活而又服务于生活的艺术品，是人们日常生活和情感的体现。

一、百工技艺

（一）古代工艺

工艺常与工巧、技艺相结合。《考工记》中说：“知者创物，巧者述之，守之世，谓之工。”《说文》中记载：“工，巧也，匠也，善其事也。凡执艺事成器物以利用，皆为之工。”

我国古代手工技艺发达，各朝各代都有技艺精湛的手工艺人，而且发展形成了丰富的手工艺门类。过去宫廷中设有专管百工技艺的部门。《汉书·百官》中对工艺生产进行细致的分工，由各署分管；唐代中央设有少府监，监管百工技艺之作；宋代有文思院，掌管金银、彩绘、珠玉、雕刻、刺绣等，内侍省掌管宫廷婚娶用具的制作；清朝宫廷设有造办处，负责制造各种工艺用品。

1. 失蜡法

我国在春秋战国时期就发明了失蜡法。据说最早采用失蜡法铸造青铜器的是楚共王熊审盂。湖北随县曾侯乙墓出土了公元前5世纪的青铜尊、盘等失蜡铸件。

失蜡法也称“熔模法”，是春秋时制作青铜等金属器物的精密铸造方法。失蜡法的制作方法是用容易熔化的蜡和牛油配制成器物的蜡模，在蜡模表面浇淋细泥浆，形成一层泥壳，然后在泥壳表面涂上耐火材料，使之硬化，成为铸型，用火烘烤型模，蜡油便熔化流出，从而形成型腔，通过槽道向型腔内浇铸熔化的青铜或铁水，凝固冷却后即铸得光洁精密的器物。

用失蜡法铸造的器物可以玲珑剔透，有镂空的效果。对于批量大的铸件，为了提高工效，一般先把蜡片在样板上压印出花纹，再拼接成型模。失蜡法在中国沿用了几千年，佛山、苏州等地现仍用传统的石蜡技法制作艺术铸件。

2. 虹管灯

汉代手工技艺中一项聪明而实用的发明是虹管灯的制作。汉代灯具材质多样，形式各异，有筒灯、行灯、吊灯、盘灯和虹管灯等，其中虹管灯的制作颇为精巧。

虹管灯的灯体是中空的容器，里面盛清水，灯罩顶部有导烟管与灯体相通，导烟管将灯罩里的烟火导入灯体融入水中，可净化空气。这种灯还可以改变照明方向和调节照明亮度。灯体上有圆形灯盘座，带手柄的圆形灯盘放置在灯盘座上，通过转动灯盘来改变照明方向；两片弧形灯罩屏板嵌插在灯盘凹槽上，可以随意开合来调节照明亮度。虹管灯体现了当时手工制作的合理性和科学性。

3. 银熏炉和银炉台

唐代的银熏炉和银炉台是我国历史上手工艺品中的精美之作。鎏金卧龟莲花纹五足朵带银熏炉和银炉台是佛教中焚香的器具，出土于法门寺地宫。

银熏炉和银炉台形制高大。熏炉高29.5厘米，口径26厘米，重6 408克；银炉台高20.8厘米，口径43.5厘米，重8 970克。其工艺采用了錾刻、钣金、鎏金、铆接等方法，制造工艺精湛，装饰图案精美。

之所以称为鎏金卧龟莲花纹五足朵带银熏炉和银炉台，是因为银熏炉炉盖盖面隆起，底洞装饰着一圈莲瓣纹，上面有五朵莲花，花蔓相互缠绕，每朵莲花上有一只龟，口衔瑞草，下层的莲瓣镂空，便于香气溢出，腹壁以流云纹装饰，并且铆接五只独角天龙兽足；银炉台台面为双凤衔瑞草纹，下有五足朵带。唐代银熏炉和银炉台体现了当时高超的金银器制作工艺。

（二）手工艺分类

工艺品不仅具有巨大的文化价值、艺术价值和经济价值，而且在一定程度上反映人们的生活方式、风俗习惯、社会关系、审美艺术、心理情感、宗教信仰

山东鲁锦织造

等。手工艺行业众多，品种繁复，涉及人们衣、食、住、用、行、审美、娱乐等各个方面。

民间手工艺品大体可分为两类，一类偏重实用，如陶艺、布艺、农具等；一类是偏重欣赏性，如年画、皮影、剪纸、泥塑等。这些手工艺品一般就地取材，以天然原料为主，由农民和手工业者进行传统的手工技艺制作，具有浓郁的地方特色和民族风格。

民间工艺品的内容和种类丰富多样。民间工艺品大多是由天然材料进行手工加工制作而成，按其材质可分为纸、布、竹、木、石、土、金属、陶瓷、皮革、面、草、藤、漆等。根据其制作技艺，可分为雕塑类、绘画类、剪刻类、编织类、印染类、纸扎类等。还可以根据民间工艺品的功能，将其分为建筑陈设类、日常器物类、节俗礼仪类、观赏把玩类、游艺表演类等。

民间工艺与民俗活动结合密切，与人们的日常生活密切相关。我们的吃、穿、住、用、行、娱乐，样样离不开民间工艺。民间工艺在岁时节日、人生仪

礼、祭祀供奉等活动中发挥重要作用。民居、宗祠、戏台、牌楼、桥梁等需要泥瓦匠一砖一石地垒起来，这些建筑上面的飞檐、门饰、影壁、砖雕、牌匾、照壁、花窗等装饰，也需工匠的手工技艺进行加工。我们穿戴的服饰、发饰、首饰，家庭日用的家具、灯具、餐具、炊具等，既是实用器物，也是手工艺术品。春节的年画、端午的香包、中秋的兔儿爷、巫师的神具、葬礼中的纸扎人物等，都是节日庆典和社会礼仪中的装饰品，具有表达情感和宣泄情绪的功能。空竹、皮影、风筝、泥塑等游艺玩具给人们的日常生活增添了无限的乐趣。

织布工具

二、子承父业

传统工艺一般以户为生产单位，由父传子或师傅带徒弟的方式世代传承。在这种传承模式中，自然而然地形成了各个行业独特的习俗、禁忌和生产模式。

（一）手工业禁忌

手工业内存在很多禁忌，对于开工的日期、制作者的性别、开工前制作者的相关活动等都有讲究。手工艺品的制作大多需要从业人员亲身操作实践，诸多禁忌的目的都是为了保证从业人员的人身安全和制作过程的顺利完成。壮族的家庭手工业包括纺纱织布、匠作、造纸等。纺织是妇女的工作，理纱上机时，纺织妇

女一定要先净手梳发，不能讲与紊乱和断裂有关的话，如果不遵守这些禁忌，就会造成纱易乱、线易断而织不成布。

壮族的木匠都是男性，有些地区的壮族木匠，如果尚未结婚，或已婚但没有男孩，就不能替别人打造婚床或梯子；如果自己家里盖房不满3年，则不能帮人做棺材；如果替别人做棺材不满一个月，则不能替别人打造结婚用的家具。

有些地方的木匠开工要选择吉日或双日。木匠还忌讳在栋梁、屋柱钉钉子或挂绳索。泥水匠打墙的时候，忌听到女人哭声，因史有孟姜女哭倒长城之故。

（二）手工业行会及行规

随着我国手工业的发展，产品流通范围的扩大，产品数量和品种的增多，出现了有组织的手工业行会。不同行业、不同地区的行会分别以行帮、帮会、会馆

北京市房山区沿村的编筐老人　蔡磊 摄

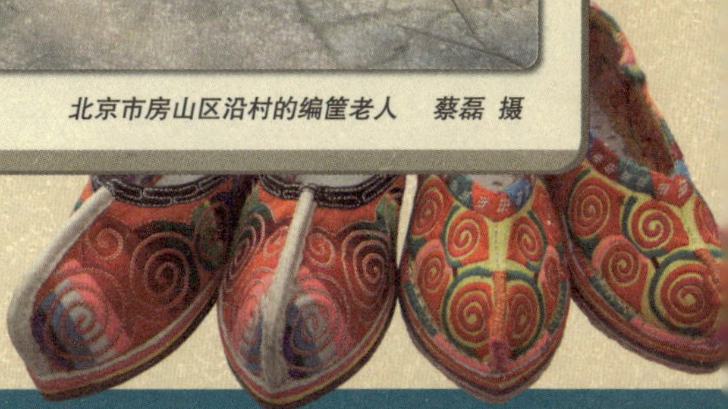

和会所等形式出现。

1. 行业服饰

宋代城市繁荣，手工业和商业发达,行会也得到空前的发展。宋代各行业的服饰着装体现出从业人员的职业身份，而且对于从业人员着装的要求非常严格。许多行业的从业人员有自己特定的服饰，标示其所从事的行业范畴。

《东京梦华录》记载了北宋东京各行业服饰的差别：“凡百所卖……不敢草略。其卖药卖卦,皆具冠带。至于乞丐者，亦有规格。稍似懈怠，众所不容。其士农工商诸行百户衣装，各有本色，不敢越外。谓如香铺裹香人，即顶帽披背；质库掌事，即着皂衫角带不顶帽之类。街市行人，便认得是何色目。”

南宋杭州“诸行百户，衣巾装著，皆有等差。香铺人顶帽披背子，质库掌事，裹巾著皂衫角带，街市买卖人各有服色头巾，各可辨认是何色目人。”

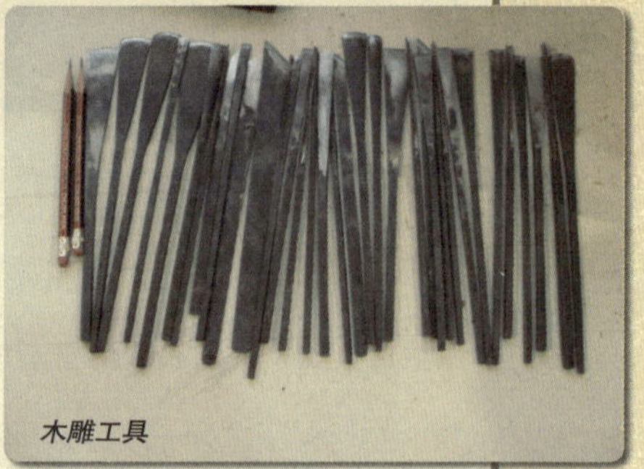

木雕工具

石雕工具

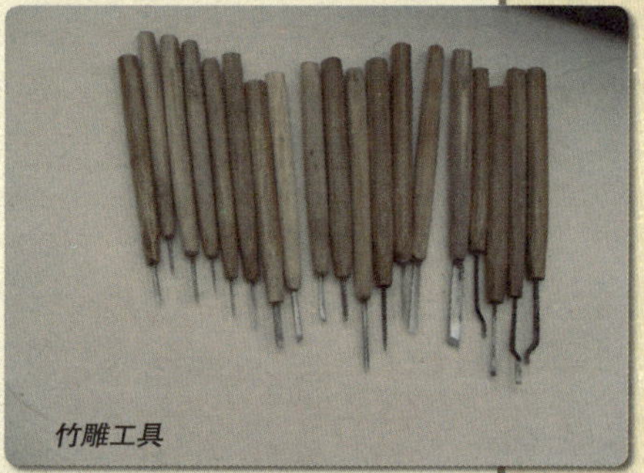

竹雕工具

2. 行语

行业内部使用行话，行话包括行业术语和隐语。行业术语是行业成员使用的不带保密性的话，比如对于行业专用工具的称呼。行业隐语是为保护行业机密而在行业成员内部使用的行话，具有保密性质，不与社会共享。唐朝诗人李义山《义山杂纂》中所提到的“诸行市语”、“经纪人市语”中的“市语”，指的就是行话。

3. 行规

清代商业和手工业行会不断发展壮大，几乎每个行业都有自己的行会。当时苏州至少有160多个手工业和商业行会。因为行会成员中使用本行业的术语，所以杭州的手工业行会有 “三百六十行，各有市语”之说。内陆地区也不例外，长江中游的沙市在明末清初已出现“列巷九十九条，每行占一巷”的盛况。甚至连地处塞外的归化城也在明末清初就已形成十二行，而且各行都有定名为“社”的行会组织。而一些具有悠久的行会历史的传统手工业地区，如广东的佛山镇和江西的景德镇，更是在全国范围内都享有盛誉。

这一时期，手工业行会的行规内容包括规定店主与帮工的合同及义务；规定统一的工资水平；规定招收学徒和学徒出师、立业等制度；规定原材料的分配和产品的规格、质量，不准擅自添减材料或以次充好；规定手工业商品的价格，不准私自抬高价格或减价售卖；限制铺坊开设的地区和数量，不准在同行的对门或隔壁开新铺面等。

各个行业都有一定的行规。广东佛山的石湾以陶业和铸造业著称。石湾的制陶业按不同产品类别分为二十四个行头，各行设立行会，不能跨行生产。技术性较强的制胚和煅烧等主要工序，只能由已入行的工人做。练泥工人被认为是干下贱活的，因为练泥是陶业中最脏最累的活，而且行会还不准他们参加铸造家用铜器、铸造机件铜器、铸造钟鼎炉像铜器、铸造一字铜器四类工种。妇女也不能参加铸造，只能做拣铜砂和包装货物的工作。

民国时期，佛山的铸造铁锅业行会规定，学徒入行要按规定先向师傅交纳相当于原市价200斤大米价格的学艺费。学徒期间提供伙食，学徒要跟师傅学足4年，而且因病缺勤的天数也要补回，学够1 440天才称为满师。铸锅行业内还规定，铸造工人如果自己辞职不干，两年内任何店主都不能雇用他；但如果他是被老板解雇的，则可以再被其他老板雇用。行规还允许同行业的工人到任何一间铸

造工场，利用其工具、设备和材料进行造型、浇铸等生产，过磅计算费用，待交货收到款后进行结账，这称为同行“搭水”。

4. 行会的功能作用

行会对于手工业的发展起到了至关重要的作用。第一，行会制度加强了行业成员之间的交流，促进手工业者技术的提高和改进。第二，行会制度禁止跨行和越行，提高了手工业的专业化程度。第三，行会的排外性和内聚力对手工业者的发展和利益起到了一定的保护作用。第四，行会规定了产品的规格、质量和价钱，保证手工业者的信誉以及手工业产品的长期正常的运营和交易。

（三）祖师崇拜

“无师不准为金木”，“河水不可无源，做艺不可无师”。我国手工业生产分工细、行业多，三百六十行，行行都有自己的祖师爷，都有敬拜祖师爷的习俗。各行业的祖师爷大多数都是该行业的发明者、创始人，或者是该行业的能工巧匠、杰出代表人物。

1. 三百六十行，行行都有祖师爷

我们的华夏始祖轩辕黄帝被众多手工行业尊为祖师爷，比如制靴、成衣、毛织、制秤、种植、弹棉花等。齐桓公被尊为制扇业的宗师，因为作为春秋五霸之一的齐桓公还善于制作扇子。石匠、木匠的祖师爷是鲁班，雕刻业的祖师是邱弥陀，陶瓷业的祖师是范蠡，铁匠业的祖师是李老君，烧炭业的祖师是陈老相公，

竹篾匠的祖师是泰山，制笔业拜蒙恬，染坊业拜葛洪，玉器业拜的祖师是邱长春，刺绣业的祖师是妃禄仙女，鞋匠祀孙膑，油漆、扎彩业拜的祖师是吴道子。

2. 一业一神或一业多神

一种行业一般只敬奉一个祖师爷，也有同时敬奉几个祖师爷的情况。如造纸业只拜蔡伦，制笔业只敬奉蒙恬；而染坊却同时敬奉梅福、葛洪两人为祖师爷，合称梅葛二仙；广东石湾的铸造业奉祀虞帝和火神为祖师爷；成衣社也有同时敬奉黄帝、神农和伏羲三人为祖师爷的情况。

3. 一神多业

同时，也有同一神被不同行业敬奉为祖师爷的现象，比如上面提到的轩辕黄帝同时被制靴、成衣、毛织、制秤、种植、弹棉等行业尊为祖师爷；人们熟知的鲁班也被木匠、瓦匠、石匠、扎彩匠、棚匠、雕刻匠、皮箱行、造船工等众多行业敬奉为祖师爷。

4. 祖师爷的地域性

同一行业的祖师爷崇拜对象也因地域不同而有所差异，比如，各地敬奉的陶瓷业祖师爷并不相同，江西景德镇敬奉童宾，广东石湾敬奉舜帝，湖北宜兴敬奉范蠡，而湖南的陶瓷工人敬奉陶正。玉器行业中，北京玉器业拜丘处机为祖师爷，苏州玉器行尊周宣王姬靖为祖师爷，而有些地方的玉器匠人则祀白衣观音。对祖师爷的称呼也存在地域差异，除了祖师爷外，还有祖师、神师、先师、师傅、本师等叫法。

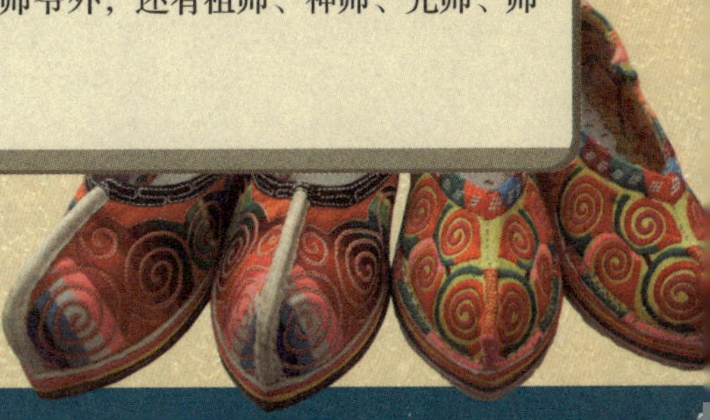

5. 祖师爷的传说

我国各地都流传着许多关于行业祖师爷的传说。有的传说是对行业祖师爷来源的解释，有的传说是对行业祖师爷高超技艺的赞扬。这些传说表达了手工业从业人员对行业祖师爷的崇敬之情。古代军事家孙膑是皮革和制鞋行业的祖师爷。传说过去士兵穿的都是草鞋，孙膑为了让士兵的脚保持温暖而且便于行走，用皮革和布料做成了保暖耐磨的皮鞋和布鞋。

鲁班因其技艺高超而声名远扬。传说赵州桥是鲁班修建的，赵州桥不但外形好看，而且坚固无比，八仙之一张果老推着装有五岳大山的独轮车从赵州桥上走过，赵州桥依然稳如泰山。

6. 祭拜祖师习俗

各行各业都有敬奉和祭祀祖师的习俗，要为其树碑立传，建祠塑像，简单一点的做法则是在行会所在地、店铺、作坊中悬挂神像或安设神位。

有些祭拜祖师的活动与庆贺内容相结合，比如逢祖师诞辰、忌日、民间佳节的祭祀活动，店铺开业、行会成立等的庆贺活动。农历三月初五是鲁班的忌辰，木匠、石匠、泥瓦匠在这一天要祭祀鲁班。他们点燃香烛，杀鸡宰羊，祈求鲁班保佑本行业昌盛兴旺。

还有的是专设的祭拜活动，如学徒拜师、出师立业等要拜祖师；某些行业，如建筑工匠等，要在工作开始之前祭拜祖师；从业者遇到困难时，要祭拜祖师以求庇佑；取得成功时，要酬祭祖师。

除此之外，也有每天的晨昏或每月的初一、十五敬拜祖师的习俗，或举行盛大的春、秋两祭。一般在家中、店铺、作坊或行业神庙进行祭拜祖师的活动。

行业神庙的庙名一般冠以所奉祖师的名号，比如鲁班馆、老君堂、神农殿、蒙恬宫、梅葛祠等，并通称为祖师庙或祖师殿。在神庙中举行的祭拜祖师活动，一般是盛大隆重的正规祭祠仪式，行会中的所有人员都要参加。

祖师爷不但是各行业的保护神，而且是各行业的精神信仰中心。祖师崇拜不仅仅是行业内对先人的崇敬，更是为在行业范围内形成紧密的联系，规训行业群体的生活，加强行业内部交流，使技艺世代相传。

三、吉祥寓意

我国传统工艺蕴涵着丰富的吉祥文化。吉祥图案是我国传统工艺的一大审美特点，无论是绘画、织绣，还是雕刻、泥塑，都大量运用吉祥图案。《庄子》曰：“虚室生白，吉祥止止 。”成玄英对此注疏：“吉者，福善之事；祥者，嘉庆之征 。”吉祥图案包括纳福迎祥、吉庆如意、祝福祝寿、富贵求财、繁荣丰收等主题。

吉祥图案不但具有很强的装饰效果，符合中国人的审美习惯，而且是传达人们美好情感和愿望的媒介与符号，融汇了人们的审美情趣、伦理道德、人生理想。吉祥符号是民间艺人代代传承、经过不断加工提炼而形成的，通过纹样、文字、象征和谐音来表现。图必有意、意必吉祥，吉祥图案主要表达福、禄、寿、喜四个方面的含义。

吉祥图案可分为吉祥寓意纹样、吉祥物、吉祥人物三类。

1. 吉祥寓意纹样

双喜字：两个“喜”字连在一起组成“囍”的图案，表示双喜临门、大吉大利，民间常在结婚办喜事时采用。

寿字纹：“寿”字经过加工和艺术化，变成对称的纹样图案，字形长的代表“长寿”；字形圆的代表“圆寿”，即无疾而终；很多“寿”字一起组成“百寿图”。

双有字：两个“有”字组成的对称图案，代表顺也有，倒也有。农村常贴在收藏谷物的器具上，表示丰收富裕、年年有余。

盘长纹：盘长与金鱼、白盖、法螺、法轮、宝伞、宝瓶、莲花合称为“八吉祥”。盘长纹纹样是一条盘曲编结的线，无头无尾，无始无终，源远流长，象征福寿延绵、永无休止。陕北地区形象地称盘长纹为“蛇盘九颗蛋”。

木版年画
刘海戏金蟾

方胜纹：两个交叉的菱形组成的纹样，代表吉祥。方胜又称为“双八宝”，因为它与宝珠、古钱、玉磬、犀角、银锭、珊瑚、如意合称“八宝”。方胜纹呈连锁状，寓意为双鱼相交，有生命不息的寓意。

万字纹：是卍形状的纹样，它原本不是汉字，而是梵文，指胸部的吉祥标志。佛教著作中说佛祖再世生，胸前隐起卍字纹样。万字纹代表万德吉祥。

八结纹：是中国结的纹样，“八结”与“百吉”谐音，有百事吉祥的意思。

云纹：中国吉祥图案中的具有代表性的装饰形象。古人在铜器、石刻、漆器、壁画、服饰上多用云纹。古人凭云色察凶吉，五彩缤纷的祥云代表瑞气。

古钱纹：钱在中国古代曾是农具名称，可用于交易，所以最早的货币仿照钱的形状铸成。钱象征富有，并能避邪，所以被用作装饰图案。两个相交的古钱称“双钱”，与“双全”谐音，常与蝙蝠、寿桃组合成“福寿双全”吉祥图。

蛙纹：古人认为蛙是人们的保护神，能降福人间。所以把蛙抽象化，成为装饰图案。

2. 吉祥动物

龙：中国古代的吉祥瑞兽，龙的形象集中了许多动物的特点，有鹿的角、牛的耳、狮的鼻、蟒的身、鱼的鳞、鹰的爪。龙能兴云作雨，降妖伏魔，是英勇、威武和尊贵的象征。龙纹在我国工艺美术中运用很广，经过历代艺人的加工变形成团龙、坐龙、行龙、升龙、降龙等各种姿态。现在，中国民间仍把龙看做是神圣、吉祥、吉庆之物。

凤：传说中凤是能给人民带来和平、幸福的瑞鸟。在远古时代被视为神鸟，是人们想象中的保护神。凤凰有美丽的形象，它头似锦鸡、身如鸳鸯，有鹦鹉的嘴、仙鹤的腿、大鹏的翅膀、孔雀的尾巴，居百鸟之首，象征美好、吉祥、喜庆与和平。

麒麟：人们心目中极为喜爱的祥瑞之兽，是一种传说中的神奇动物，牛尾、狼蹄、龙头、独角、身披鳞甲。麒麟勇武而不为害，不践踏生灵，是仁慈和吉祥的象征。“麒麟送子”图在民间广泛流传，传说麒麟送来的童子长大后必然是贤良有才之士。

狮：喜庆祥瑞的象征。狮子外表威严，在古代被看做法的拥护者。在佛教中它是释迦左臂侍文殊菩萨乘坐的神兽。民间多用狮子塑像来镇宅驱邪。节日喜庆之时，民间以舞狮庆贺。

虎：百兽之王。中国古代敬虎为神，虎神能驱妖镇宅，祛邪避灾，也是儿童的保护神，小孩常穿虎头鞋、戴虎头帽、睡虎头枕。

鹿：长寿之仙兽，古代神话中说千年为苍鹿，两千年为玄鹿。鹿经常与仙鹤、灵芝、仙草等祥瑞形象一起出现。“鹿”字还与“禄”字同音，表示富贵繁荣的意思。

鹤：传说中的仙禽，神仙驾鹤升天。鹤象征吉祥长寿，民间有“鹤寿千年”之说。

龟：由于其寿命之长、且有灵性，被人们所推崇，有万年灵龟之说。人们把百岁称为“龟龄”。唐宋时以龟铭志、以龟为名的人很多，如唐代玄宗时的李龟年、诗人陆蒙龟、李灵龟等，宋代的学士彭龟年、工部侍郎杨龟山、太学士刘应龟等。

喜鹊：喜鹊古时候被称为“神女”，民间俗称为“喜鸟”，其体态轻盈、鸣声响亮，传说中它不辞辛劳帮助牛郎织女完成一年一度的相遇，所以人们将喜鹊看做是代表吉祥的喜鸟。每每看到喜鹊栖枝或听闻喜鹊鸣叫，人们都认为是喜事临近的征兆，故俗谚有云：“喜鹊叫，来报喜，不是来财就是来亲戚。”所以，喜鹊也是“报喜”鸟，俗谓“灵鹊报喜”，它被人们认为是幸福吉祥生活的象征。

蝙蝠：“蝠”与“福”、“富”谐音，所以人们把蝙蝠作为吉祥物。蝙蝠的真实外貌并不好看，甚至有点丑陋，但是人们用丰富的想象和变形移情的手法使蝙蝠的形象翅卷祥云，或风度翩翩，或玲珑可爱。

蝴蝶：蝴蝶的形象美丽、轻盈，人们常用蝴蝶比喻爱情和婚姻的和谐美满。《梁山伯与祝英台》故事中的坚贞情侣最后化蝶双飞的形象深入人心。

木版年画
连年有余

鱼：古代器物上鱼的图案非常普遍。“鱼”与“余”同音，所以鱼用于表示富有、富余。年夜饭必备一条鱼，以求来年有余。线条优美的鱼也是爱情的象征，鱼雁传书表示情侣用书信传达感情。

鸳鸯：雌雄偶居，成

双成对，是美好爱情的象征，表示夫妻恩爱，永不分离。新婚的被套、枕巾等多饰有鸳鸯。

五毒：指蟾蜍、蝎子、蜥蜴、蜈蚣、蛇。民间有以毒攻毒的说法，借毒虫消病驱灾，祈求平安。

3. 吉祥植物

牡丹：牡丹是中国传统名花，它雍容华贵，富丽妩媚，被视为繁荣富贵、幸福和平的象征。

梅花：冬天开放的梅花冰肌玉骨、傲雪凌霜，象征高洁、坚强、谦虚的品格，也是传春报喜的吉祥花卉。梅花在我国深受各阶层人士的敬重和喜爱。

兰花：终年常绿，姿态端秀，幽香清远。兰花有“四清”，即气清、色清、神清、韵清，展现高洁清雅的优美形象。兰花被称为花中君子，是忠诚、正直、友谊的象征。

竹：竹子四季常青，竹节挺拔，竹心虚空，被认为是坚贞气节、虚心向上的代表。

菊花：凌霜盛开，素雅坚贞，象征坚强高尚的情操和坚贞不屈的品格。古神话传说中菊花又被赋予了吉祥、长寿的含义。如菊花与喜鹊的形象表示“举家欢乐”；菊花与松树组合为“益寿延年”。

莲花：在佛教中，佛身多置于莲花之上，所以佛座也称为莲座。莲花被认为是西方净土的象征，是孕育灵魂之处，与宗教有关的器物多以莲花做图案装饰。莲花出污泥而不染，代表圣洁清廉。一茎双花的并蒂莲，是人寿年丰的预兆和纯真爱情的象征。“莲”与“连”同音，莲花与鲤鱼表示连年有余。

灵芝：又称为瑞芝、瑞草，传说吃了千年灵芝可以长生不老，成为神仙，所以鹿口衔灵芝表示长寿。灵芝是祥瑞之物，如意的头部做成灵芝的形状表示吉祥。

蔓草：蔓生植物，不断滋长延伸，具有茂盛、长久的吉祥寓意。

4. 吉祥人物及吉祥图案组合

和合二仙：又称“和合二圣”， 主婚姻和合。关于和合二仙，民间有各种传说，有一种是说二仙即指唐代的高僧寒山和拾德，他们后来演变为古代的神仙。两位仙人一人执荷花，一人捧盒，盒盖稍微掀起，内有一群蝙蝠，正从盒内飞出。“荷”与“和”、“ 盒”与“合”同音，代表百年好合。婚礼之日把和合二仙图像挂悬于洞房之中或厅堂之上，祝贺新婚夫妇白头偕老，永结同心。木雕、漆画、砖刻、刺绣、剪纸和木版年画等常以和合二仙为题材。

八仙：八仙是指铁拐李、汉钟离、曹国舅、何仙姑、张果老、吕洞宾、韩湘子与蓝采和。民间有八仙庆寿、八仙仰寿、八仙过海图。传说八仙经常赴王母蟠桃寿宴，一次八仙在寿宴上吃饱喝足后，归途中遇海，吕洞宾提议八仙不得乘云而过，须各以物投水，乘所投之物而过。于是八仙各用其独门法器渡海而去。所以就有了“八仙过海，各显神通”之说。

王母娘娘：西王母俗称王母娘娘，被道教尊为女神，相传居于西方的昆仑山。王母娘娘被称为长寿神在于她有长生不死药。传说中美丽的嫦娥因服了西王母的不死药，遂奔月成为月精。关于不死药早期认为是从昆仑山不老树中提炼出来的，后不死药的产地逐渐转移到了月宫，认为提炼不死药的不死树是月中桂树。不死药的另一原料为灵芝。桂树与灵芝都是被中医认为有延年益寿功效的药物，这就更加使人们相信不死药的神效。传说的流传，加上古今人们对长寿不懈的追求，遂使掌有不死药的王母娘娘成为寿仙。

四喜娃娃：也称为“四喜人”，是一种运用共享、重合的方式组合成的图案。这种民间美术造型非常有趣，是两个娃娃巧合成4个娃娃的造型效果。4个娃娃，一共2个头，4只手，4条腿，手持祥瑞之物，活泼可爱，喜气洋洋。“四喜”是指“久旱逢甘霖，他乡遇故知。洞房花烛夜，金榜题名时”四大喜事。四喜娃娃作为表示祥瑞的喜庆图案，在民间广为流传。

寿星：又叫老寿星、南极仙翁等，是与福星、禄星一样受人尊奉的吉祥神。相传他本是天上的一颗星，主管人的长寿，后多将之拟人化。现今我们所熟悉的寿星的形象多为：天庭饱满，大耳垂肩，白须飘逸，含胸拔背，一只手拄着龙头拐杖，杖上挂着葫芦，一只手托着仙桃，身旁有时还有象征“福”、“禄”的蝙蝠、鹿、仙童等。中国人认为“五福寿为先”，寿乃第一福。所以老寿星成为中国人家家户户欢迎的吉祥神，也常用于民间工艺装饰。

木版年画福禄寿三星

刘海：一般以“刘海戏金蟾”的形象出现，穿红披绿的刘海两手各持一串金钱，与三足金蟾嬉戏，象征欢喜吉庆、财源兴旺、生活富裕。民间有“刘海戏金蟾，步步钓金钱”的说法。

还有一些图案则由纹样、汉字、动物、植物和人物形象搭配组合成吉祥图，比如金鱼和鱼缸组合成“金玉满堂”；娃娃、莲花和鱼组合成“连年有余”；喜鹊站立梅树枝头意指“喜上眉梢”；三只羊和一个太阳表示“三阳开泰”等。

元宵灯笼

贰

锅碗瓢瓜盆

一、青花瓷，当饭碗

“民以食为天”。人们不但注重食品本身，对于加工食品和盛放食品的器具也倾注了独特的情感，既注重其实用性，也注重其艺术性。食具还蕴涵了深厚的文化底蕴。

（一）陶瓷业的发展

1. 古代陶瓷

中华民族的饮食文明传统非常悠久。我国出土了大量的鼎、罐、盘、豆、壶、钵、盅等炊具、餐具和饮具。从河北阳原县出土的旧石器晚期的陶片来看，我国的陶器的产生距今已有11 700多年的历史。半坡遗址出土的双耳尖底水瓶造型优美，设计巧妙，小口瘦颈，圆腹尖底，双耳可供手提，瓶身的重力使它接触水面时横侧过来，水刚好从口部流入瓶内，随着瓶内水量的增加，瓶身下沉，待尖底瓶垂直立于水中时，水正好盛满。我们不能不感叹古代工匠的智慧。

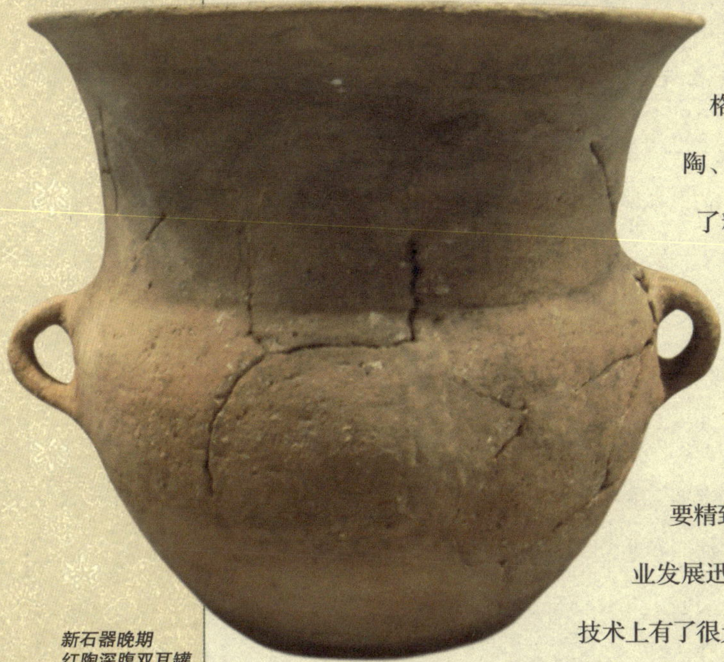

新石器晚期
红陶深腹双耳罐

陶器可以说是我国最古老的工艺品。新石器时代的陶器风格粗犷、朴实，出土的有灰陶、红陶、白陶、黑陶和彩陶等。商代出现了釉陶和初具瓷器性质的硬釉陶。

享誉世界的唐三彩的出现，标志着陶器的种类和色彩已经更趋丰富多彩。

东汉时期，我国出现了比陶器要精致细腻的瓷器。唐、宋时期的制瓷业发展迅速，涌现了一批名窑。明、清时技术上有了很大的改进，从制坯、装饰、施釉到烧成都有很高的技术含量。

经过几千年的发展，中国陶瓷至今闻名海内外，著名的有景德镇的青花瓷、福建的白瓷、宜兴的紫砂、界首的三彩釉陶、淄博的降色陶、铜官的绿釉陶、崇宁的雕镂釉陶、德化的瓷雕等。

2. 瓷都景德镇

江西省景德镇是我国著名的“瓷都”，其生产陶瓷的历史非常悠久，从五代时期就已开始生产瓷器，窑火千年不断，在宋代出现“村村窑火，户户陶埏”的盛况。景德镇瓷器以“白如玉、明如镜、薄如纸、声如磬”的瓷质特征而著称。景德镇瓷器造型优美、品种繁多。青花、玲珑、粉彩、颜色釉是景德镇四大传统名瓷。还有被称为神奇珍品的薄胎瓷，以及著名的工艺美术品雕饰瓷。

景德镇瓷业的生产组织分工相当完备，瓷业内部分工日益细化，采用拉坯、印坯、利坯、修足、蘸釉、荡釉等技艺制作瓷坯，再采用匣钵仰烧、垫钵覆烧、

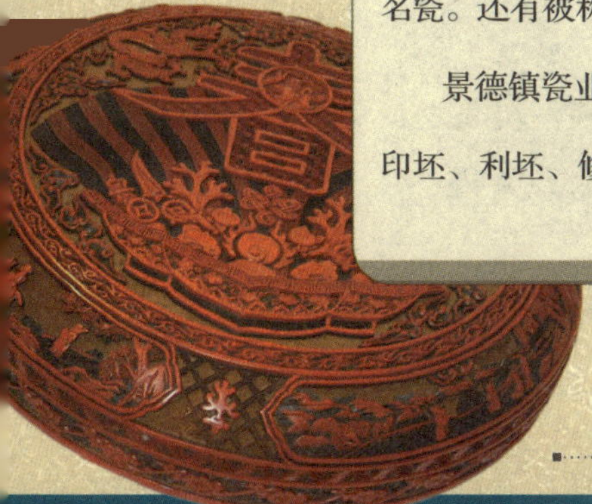

支圈覆烧等技法进行装烧。每道工序都由专人负责，炼泥的只管炼泥，拉坯的只管拉坯，彩绘者也是画者画而不染，染者染而不画。由于分工不同，工匠必须各自掌握一种专门技艺，并以此为终身职业。明细的分工不但提高了制瓷效率，而且造就了很多身怀绝技的能工巧匠，工匠的工艺水平不断提高，技艺日益娴熟。细致的生产分工促进了景德镇明、清时期制瓷工艺的成就。

专门为皇家烧制御用瓷器的叫“官窑”。官窑瓷器的样式是严禁民间仿制的。景德镇成化官窑遗址中出土了大量破碎的瓷片，这些瓷器因为一点点瑕疵被筛选下来，为防止民间仿制，都被打成了碎片。用这些碎瓷片能复原出2 000多件有确切纪年落款的稀世珍品。有些瓷器碎片现在已被修复，瓷器的底部能看到明、清各朝的款识。皇帝死后，他所使用的那套瓷器就必须收好，锁起来。新皇帝使用的瓷器须按照其爱好重新烧制，并在瓷器上打上他的年号。但是皇后和妃子们使用的瓷器都有一定规矩，不能随自己的喜好选择，比如清朝贵妃只配用黄底绿龙的瓷器。

景德镇瓷器中最有名的是青花瓷。青花瓷蓝白相映，晶莹明快，美观隽永，是中华工艺中的一颗明珠。青花瓷始创于元代，明、清时期是青花瓷制作工艺的高峰。青花瓷的制法是用氧化钴料在坯胎上描绘纹样，施釉后高温一次烧成。明朝航海家郑和七下西洋，每次都会带去大批的青花瓷，与各国进行交流。而民间传说郑和下西洋时，从伊斯兰地区带回制作青花瓷的颜料。而明成化年间烧制成功斗彩，又增添了许多色彩，使瓷器制品更为艳丽多姿。

江西景德镇青花瓷碗

在过去，景德镇的精美好瓷都销往外地，

而景德镇人自己却用粗瓷。景德镇还有个行当，叫“估堆儿”，就是把零散破损的瓷器堆成一堆儿，估摸个大概的价钱贱卖出去，这样还能挣回一些钱。

（二）陶瓷与饮食生活

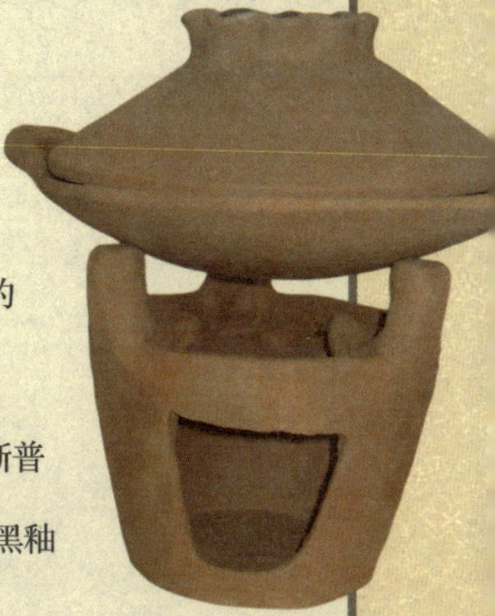

最早的食具多为陶制品，在各文化遗址出土的新石器时期食具中，有陶制的碗、盘、杯、钵、壶、簋、角、爵等种类繁多的食具。陶制食具的材质包括泥和夹沙的彩陶、灰陶、黑陶和蛋壳陶等。

商代：商代时发明了瓷器，但到汉代，瓷制食具才逐渐普及，普通百姓家庭也开始使用青瓷碗盘。东汉出现了青瓷和黑釉瓷，说明中国瓷器工艺进入一个新的阶段。

隋唐时期：陶瓷制品在人们的日常生活中大量出现，其中餐具就有碗、盘、盆、碟、杯、盏、钵、榼、壶、酒樽、盏托等。瓷制餐具成为主要的食具。浙江的越窑青瓷和河北的邢窑白瓷是这一时期代表性的品种，特别是洁白光亮的白瓷，受到广泛的欢迎。

元代：瓷器除了传统的青瓷、白瓷、白地黑花瓷等品种外，青花瓷器也大量出现。白地蓝花的青花瓷餐具瓷质细腻、清幽古雅，集实用与美观于一身。这一时期的餐具还有红釉、蓝釉和孔雀绿釉等新的品种。

明、清时期：瓷器的生产工艺达到历史的最高峰。青花瓷的制作工艺纯熟，其他品种的瓷器生产工艺也取得了巨大的成就。瓷器色彩纷呈，装饰图案也丰富多样，包括山水花鸟、瓜果藤蔓、龙凤麒麟、戏曲故事等。在已有的食具种类基础之上，明代创制了

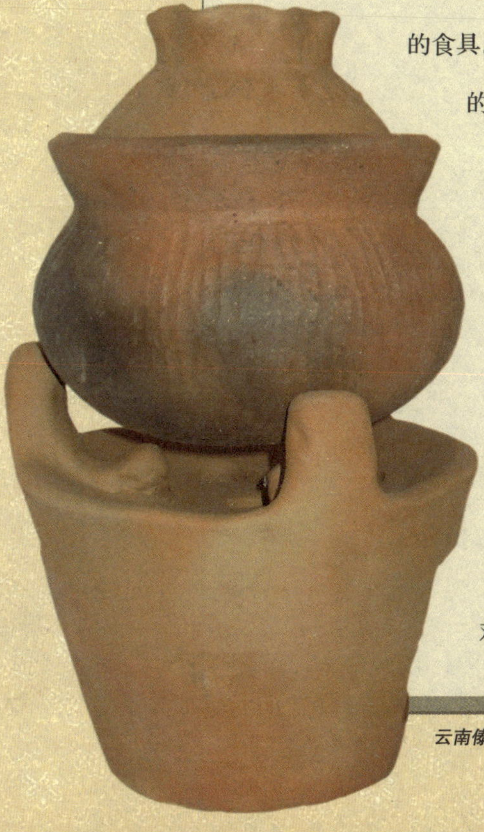

云南傣族沙锅

江西景德镇
青白瓷印花盘

鸡心碗、尖底莲子碗、压手杯、鸡缸杯、葡萄纹杯等。清代创制的食具则受少数民族文化以及出口西方、日本需要的影响，风格焕然一新。

瓷器餐具具有轻便耐用、保温性好、清洁卫生、美观大方等优点，受到我国各族人民的喜爱。现在，人们的饮食生活离不开陶瓷制品。不管是简单的盘、碗、杯、碟、汤匙，还是较大件的瓶、罐、缸、钵、盆，都成为老百姓日常家当。

虽是日常用具，其实用性和艺术性却不可低估。就拿我们每天吃饭的碗来说，它看似简单，其实很有讲究。不论什么材质、什么式样的碗，一般都是深腹、敞口，有圈足。深腹容量大，敞口便于进食，圈足可以防烫，而且便于拿放。民间用得最多的碗是青花瓷碗。青花瓷碗瓷地灰白，内底或外壁上画着清新淡雅的浅蓝色花鸟鱼虫图案，简单而悦目。陕西陈炉的民间瓷器黑釉器经常用于装醋或油，但是罐口无盖，农民顺手拾起一根玉米棒子当做罐塞。黑釉瓷罐加上半截玉米棒子摆在灶台上就成了一件天趣盎然的民间艺术品。

二、小筷子，大讲究

（一）木制食具

食具除了陶瓷制品外，木制品也广受欢迎。木制食具取材容易，而且轻便耐用。木材本身的色彩纹理使得食具显得古朴自然，不需多加装饰。

1. 福建、台湾木制食具

在台湾和福建地区，人们使用一种大盛饭桶，这种饭桶与一般的饭桶外观不

一样，其上半段涂红漆，下半段涂黑漆，而且饭盖中心还画着一个阴阳太极鱼纹。这种饭桶用十几片木板围起来，用竹箍箍紧，既不用铁钉，也不用黏合剂，但却能够滴水不漏。大家庭用锅蒸饭或焖饭不够一家人吃，所以就做捞饭，把米放入大锅里煮，饭熟了以后用大笊篱捞出盛在大饭桶里，这样不但一次做的饭量很大，而且米饭变得松软爽口，香味独特。现在的家庭人口变少，不再需要用大饭桶盛捞饭，但是遇到红白喜事，吃饭的人多的时候，大饭桶就派上用场了。

人丁兴旺是老百姓的愿望，一个家族人丁旺，饭桶一定也大。所以民间有待过门的媳妇预先打听对方饭桶大小的习俗；而且女方家也有“就怕您家饭桶大，我家的丫头端不起”的谦辞。

舀饭的大饭匙和饭桶一样，也是用木头制成的。其原材料以福建的杉木为最佳，不但结实耐用，不腐蛀，不变形，而且能保留饭香，不带杂木味。饭匙形状似桃心，正面是光滑的浅凹面，手巧的制作者在背面雕刻桃枝、桃叶、桃花等花纹图案，而且还将把饭匙雕成桃枝状，既便于抓握，又美观大方。

2. 彝族木制食具

少数民族也大量使用木制食具。彝族餐具中主要有木碗、木勺和木杯，为防止木器损坏，使木制食具更为耐用，在器具外部漆上以黄、红、黑颜色为主的漆料花纹，具有浓郁的民族地域特色。木碗有口无脚，方便携带，既用于盛饭，又

彩绘筷子
赵娜 摄

用于饮酒。木勺由勺和柄两部分组成是盛饭、菜、汤的专用餐具，不烫口。小木杯有口有脚，方便拿放，专作饮酒之用。

3. 新疆木制食具

新疆木制食具的制作和使用历史悠久，新疆考古工作者在和田地区洛浦县山普拉古墓群中挖掘出汉晋时期的木筒、木盆、木碗、木盘、木勺、木几等餐具。古墓中出土的木筒制作方法十分独特， 将一段树干凿空，在下端镶嵌上一个木底。木筒是一种盛水、盛奶的器具，与现在新疆有些地区使用的木桶相似。

古墓中还出土了汉代打磨光滑的圆形木盘。木盘是南疆维吾尔族人民广泛使用的餐具。招待客人时，把手抓羊肉、抓饭和馕盛放在木盘中，有时也将甜瓜或西瓜切成小瓣，放在木盘上，端到客人面前，请客人品尝。

（二）漫话筷子

在汉代筷子的使用就已很普遍了，马王堆等汉墓中出土了大量的竹筷、铜筷。筷子在古代叫做箸。《礼记·典礼》中便有“饭黍毋以箸”的记载；《韩非子·喻老》有“昔者纣为象箸，而箕子唏”之语。说明我国3000年前就已使用筷子。

1. 筷子的发明传说

传说大禹是用筷子的第一人。尧舜时大地洪水泛滥，大禹受命治水，发誓要为民除患。他日夜与洪水搏斗，争分夺秒，三过家门而不入。有一次，大禹乘船来到一个岛上，架起陶锅煮肉。肉在水中煮沸后，因为烫手无法用手抓食。治理水患时间紧迫，大禹不愿等肉锅冷却而白白浪费时间，所以就砍下两根树枝把肉从热汤中夹出，吃了起来。从此，为节约时间，大禹总是用树枝、细竹从沸滚的热锅中捞食。这样可省出时间来制伏洪水。如此久而久之，大禹练就了熟练使用细棍夹取食物的本领。手下的人见了也纷纷效仿。这便是最早的筷子。也有人认为，古人用树叶包稻谷放到火里烤熟时，需要用树枝拨动使其受热均匀，于是渐渐形成了筷子的雏形。

2. 筷子易名

筷子在古代又称为“箸”。渔民特别忌讳“箸”，因为“箸”与“住”和“蛀”谐音。他们最怕船“住”，船停住了也就意味着他们没有生意了；他们更怕船“蛀”，船被虫蛀便会漏水，无法下海捕鱼。为了图吉利，行船的人见了“箸”反而把它叫做“快子”。慢慢地，筷子的叫法也就流传开来。而且还添加了“筷子筷子，早生贵子”和“筷子筷子，快快乐乐”的寓意。

关于“箸”易名为“筷”，也有另一种解释。明代陆容在其所撰的《菽园杂记》卷一中记述：民间讳俗，各处有之，而吴中为甚。如舟行讳住讳翻，以箸为快儿；以幡布为抹布。船家希望行船时安顺平稳，到码头捷足先登，亦在情理之中。“快”又大多以竹制成，就在“快”字头上添个“竹”字头，“筷”字乃成；而近代汉语中，单音节名词有向双音节名词发展的趋势，方法便在“筷”字后加“子”，于是“筷子”乃应运而生。

3. 筷子的种类和材料

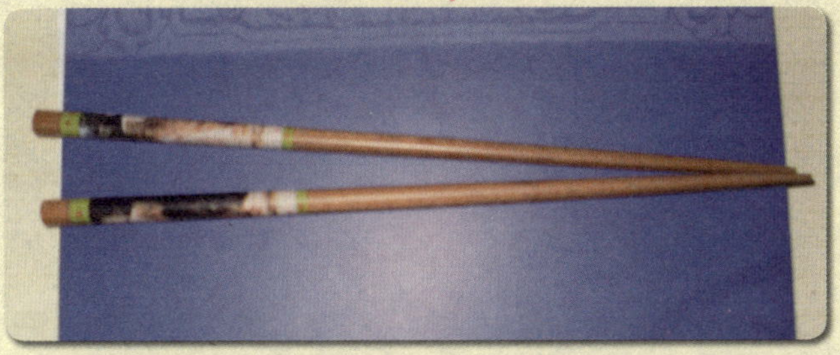
筷子

筷子种类繁多，材料丰富。人们日常使用的筷子主要是竹制和木制的。毛竹、楠竹、紫竹、湘妃竹等都能制成筷子。红木、楠木、枣木、冬青木、乌木、紫檀木也都是制作筷子的原料。除此之外，还有象牙筷、玉筷、铜筷、铁筷、漆筷、金筷、银筷、骨筷、贝壳筷等。现在筷子的种类层出不穷。

从粗陋的树枝到精美的工艺品，筷子经历了不断的演化过程。筷子不但制作材料越来越丰富，色彩、图案、造型越来越多样，而且制作工艺越来越精美，形成了独特的“筷艺”文化。一些百年老铺还保留手工制作的木雕工艺。婚庆时使用的筷子上常常刻着“囍”字和祥云图案，而且还配有“百年好合，喜结良缘”等吉祥语。即使是日常使用的筷子在筷头上也雕刻上梅、兰、竹、菊等各种花纹图案。也有雕刻京剧脸谱、八仙图、红楼人物等图案的成套筷子，供人们送礼或收藏。

4. 筷子的功用

中国人吃饭离不开筷子。筷子，是我国人民发明创造的独特餐具。简单的两根细棍，使用起来方便灵巧。人们使用筷子得心应手，在手中能以微小的动作变化做出夹、挑、戳、挖、搅、扒、拌、撇等各种动作。除了汤类食品以外，筷子几乎可以应付所有的食物。生理科学研究还证明筷子对训练手指的灵敏程度很有好处。人们在使用筷子时，要运动手、碗、臂等多处关节。

5. 使用筷子的禁忌

日常生活中使用筷子有很多讲究和禁忌。比如拿筷子的正确方法是大拇指和食指捏住筷子上端，另外三指自然弯曲扶住筷子。用餐前，筷子要整齐码放在饭碗右侧；用餐后，筷子要整齐地竖向码放在饭碗正中。有人总结了民间使用筷子的十二忌：

一忌“三长两短”。即在用餐前或用餐过程当中，筷子的两端一定要对齐。不能将筷子长短不齐地放在桌子上。因为古人认为这样太不吉利，“三长两短”指有不测之灾或死亡的意思。

二忌“仙人指路”。即在用餐时将筷子指向别人，这被认为是对他人极大的不尊重。拿筷子时也不能把食指伸出，因为伸出食指有指责别人的意思。

三忌“品箸留声”。即进餐时用嘴来回嘬筷子，并发出声响，这被认为是缺少家教的表现。

四忌“击盏敲盅”。即在用餐时用筷子敲击盘碗。小孩吃饭时用筷子敲碗会

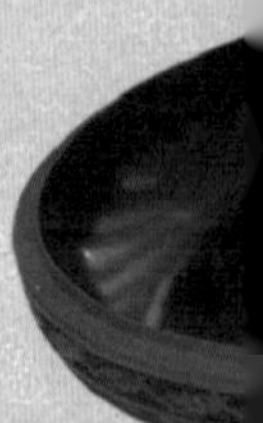

受到大人的制止。俗话说“敲碗敲筷子，讨吃一辈子”。过去只有讨饭者才用筷子击打要饭盆，以此声响配上嘴里的哀告，引起行人注意并给予施舍。

五忌“执箸巡城”。即用筷子旁若无人地来回在菜盘内翻找自己喜欢的菜，这是缺乏教养的表现，非常不雅。

六忌“迷箸刨坟”。即手持筷子在菜盘里来回扒拉，像盗墓刨坟一般。这种做法与“执箸巡城”相近，都是缺乏教养的典型表现。

七忌“泪箸遗珠”。即用筷子往自用盘里夹菜时，将菜汤洒落到桌上或其他菜中，这被认为是严重失礼的行为。

八忌“乾坤颠倒”。即用餐时将筷子首尾颠倒使用，顺序颠倒混乱是人们所讨厌的事情。

九忌“定海神针”。即在用餐时只用一只筷子去插盘子里的食物，过去人们认为这是对同桌用餐人的羞辱。

十忌“当众上香”。即自己吃饭或帮别人盛饭时，把一副筷子插在饭中，这种做法曾被视为大不敬，因为在民间传统中，为死人上香时才有这种做法。

十一忌“交叉十字”。即在用餐时将筷子交叉放在桌上。在饭桌上打叉，被认为是对同桌其他用餐者的否定，就像老师在学生写错的作业本上打叉一样。而且过去吃官司画供时才打叉，所以人们认为交叉放筷子也会给本人带来霉运。

十二忌“落地惊神”。即失手将筷子掉落在地上，这被认为是失礼的表现。古人认为祖先长眠于地下，不应当受到打搅，而筷子落地会惊扰到地下的祖先，这是大不孝。所以如果筷子不小心落地，就要谢罪以求祖先的宽恕。

也有人将用筷子的忌讳总结为“十忌”：一忌迷筷，举筷不定；二忌翻筷，以筷从碗底挑菜拣食；三忌刺筷，以筷当叉戳食；四忌拉筷，持筷撕口中的鱼肉；五忌泪筷，菜汤从筷子中洒落；六忌剔筷，以筷当签挑牙缝；七忌吸筷，将筷放在口中吮吸；八忌供筷，将双筷直插在饭碗中央；九忌敲筷，以筷击碗盆；十忌指筷，持筷说话点人。

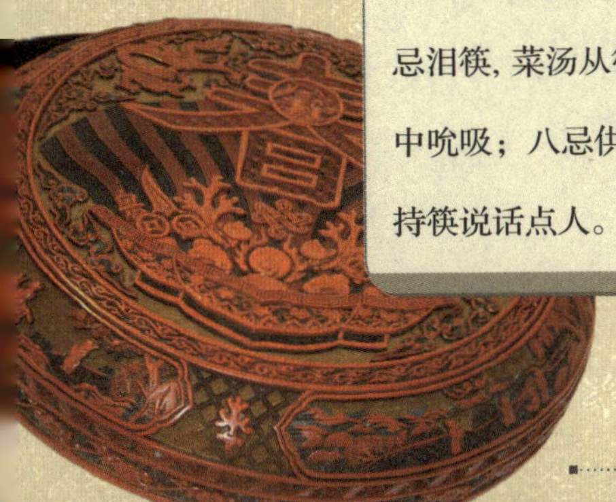

6. 作为表演道具的筷子

由于筷子与人们日常生活的关系密切，也常作为人们表演艺术的道具。在蒙古族婚庆节日的宴会中，豪放的蒙古人随兴而起，抓起饭桌上筷子，伴随着欢快的音乐伴奏和热烈的舞蹈动作，敲打身体的各个部位。后来把筷子的一端用绳子穿起来，缀上红绸缎，成为专门的道具，发展出传统民间舞蹈“筷子舞”。

三、紫砂壶，泡香茶

中国是世界上饮茶历史最为悠久的国家，早在神农时期，茶的药用价值就已被发现，茶叶不但可以增强营养，而且具有解毒功效。传说神农氏尝百草，辨别中药。他一生下来就是水晶肚子，肝脏肺腑都能看见。有一次，他尝了一种嫩尖尖的小绿叶，叶片下肚后，从上到下，把肚子里的各个部分都擦得清清爽爽的，就像在肚子里巡查了一遍，神农就把它叫做“查”，叫来叫去，就成了“茶”。古人在茶中放入姜、葱、花椒、薄荷、茱萸等一起饮用，就是取其药用效果。茶和姜、葱、茱萸一起煎服可以帮助消化。现在，人们也把茶和姜、红糖一起煎服，用于消暑治痢，醒酒解毒。后来，茶叶由药用逐渐演变成日常生活中的饮料，而茶具也成为人们的日常生活必备用品。

（一）茶具的定义

茶具古代也称为茶器或汤器，是用于饮茶的器具。

陆羽《茶经・二之具》中列出羸、灶、甑、杵臼、规、承、朴、焙、贯、穿、育等器具，指的是种茶、采茶、制茶的用具。他在《茶经・三之造》中就说制茶工序是“采之、蒸之、捣之、拍之、焙之、穿之、封之、茶之干矣”。这一过程需要使用前面提到的各种工具。

陆羽的《茶经·四之器》记载风炉、炭木、交床、纸囊、碾、罗、合、则、水方、漉水囊、瓢、竹夹、熟盂、碗、畚、札、涤方、滓方、巾、具列、都篮等，这些是煮茶器具。

宋代蔡襄《茶录》下篇《论茶器》,其中论及的茶焙、茶笼、砧椎、茶铃、茶碾、茶罗、茶盏、茶匙、汤瓶等，都是宋代的茶具。

我们现在所说的茶具，主要是指泡茶、饮茶时所要用到的器具，而不包括采

小茶海

茶、制茶的工具。合适的茶具是泡好茶的重要条件之一。明代许次纾《茶疏》中说："茶滋于水,水藉于器，汤成于火，四者相顾，缺一则废。"茶具的实用功能和审美价值都是饮茶文化中不可或缺的。不同质地的茶具所泡出的茶，即使茶叶相同，也会呈现不同的色泽和味道。茶与茶具搭配得好，则会互相映衬，相得益彰。

（二）茶具种类和名称

我国饮茶所用的器具种类繁多。无论茶具的材质是陶、瓷、玻璃、搪瓷、漆器、木、竹，还是金、银、铜、锡、玉、玛瑙、象牙，按功用，我国古代传统茶具可以分为以下十类：

1. 生火器具

炉：即烧水的火炉，唐代称为风炉，用陶土烧制而成，也有用铜、铁制成的。

篓：装木炭的篓子，一般用藤或竹篾编织。

火夹：用于夹火炭的器具，用铜、铁或竹木制成。

扇：用来扇风使炉中火旺的器具，用鹅毛、纸、绢等材料制成。

2. 煮茶器具

锅：以生铁铸成的煮茶水的锅。古代煮茶的锅口沿较宽，上有两个方形耳，方便提取而不烫手。也有用陶瓷烧制或用石头雕成的，称为茶铫。

交床：放置铁锅的十字木架。

汤瓶：从宋代才开始盛行的烧水瓷瓶，瓶身较瘦长，放在火盆和炉上烧水用以冲泡茶叶。

壶：用陶瓷制成的烧水用的水壶。

3. 炙茶器具

竹夹：竹子制成的夹子。取竹子有节的一段，节以上的部分剖开成两片，用来夹住茶饼在火上烤炙。也可用铁、铜、银制作。

云南傣族茶叶罐

纸囊：装茶饼的纸袋子，可以使烘烤后的茶饼香气不散失。

4. 碾茶器具

碾：用于碾碎茶饼的碾子，一般用坚实的木材制成，中间有碾槽，可供碾轮来回滚动。

磨：以石制成，用以将茶饼磨成茶粉，宋代时很盛行。

罗：筛子，用大竹片弯成的圆圈，中间蒙上纱绢制成细网，用于将碾好的茶末筛成细粉。

合：用于盛放茶粉的盒子，用竹木或金银制成。现在一般用茶罐装茶叶。

则：茶则，是量茶器具，用竹、木、铜、铁、海贝、蚌壳等制成匙状，煮茶时用它来舀茶粉放入锅中。

拂末：用羽毛做成小拂尘，碾茶后，用它拂扫茶粉末。

5. 贮水器具

水方：用木材制成的大盛水容器。

漉水囊：滤水的器具。用生铜或竹、木作骨架，用青竹丝编织水囊，装入用绿油布做的布袋中。

瓢：舀水的器具，由葫芦壳剖开掏空瓜瓤制成。

熟盂：用瓷或陶制成的盛熟水的器具。

6. 存盐器具

鹾簋：唐代煮茶要加盐，所以人们用瓷器制成的盒子状或瓶状的容器，用来存放煮茶用的食盐。

揭：用竹子制成的取盐小匙。

7. 点茶器具

茶盏：瓷制的小碗宋代饮茶，先将茶粉放在茶盏中用开水冲点，使之产生泡沫。

盏托：用瓷、木或漆器等制成的托子，用来放茶盏，以防烫手或溅湿。

茶筅：竹片制成的小刷子，用来击拂茶汤，使其产生泡沫。

8. 饮茶器具

茶碗：用瓷器或竹木制成的供人们饮用的盛茶汤容器。

茶杯：用陶瓷、竹、木或其他材料制成的饮茶小杯子，在茶壶中泡好的茶汤倒进小茶杯中饮用。

畚：用白蒲编织成的装茶碗器具，唐代广泛使用。

9. 清洁器具

涤方：用楸木板制成的盛废水器具，现在一般是用木材、陶瓷、石料等制成的茶海。

滓方：制作方法与涤方相同，用来盛茶渣。

茶巾：用粗绸制成的手巾，用于擦拭茶具。

10. 存放器具

具列：用于收藏或陈列茶具的器具，用竹、木制成，呈床形或架形。

都篮：用竹篾制成盛放各种茶具的器具。

上述茶具有很多都随着时代的前进陆续被淘汰了，现代茶艺发展出一些新的茶具，比如茶道六件：形状如夹子的为茶夹或者茶镊；形状如勺子的为茶勺或者茶则；形状是一个环形的斗为茶斗或茶漏；形状为一根细头针形状的为茶针或茶通；形象为一扁平弯头的木棍为茶刮；形状为花瓶造型的为茶瓶。

（三）各民族茶具与饮茶风俗

人们对选茗、取水、备具、作料、烹茶、奉茶以及品尝方法都有一套讲究。俗话说，十里不同风，百里不同俗。各民族、各地区的人们在长期传统的生活方

江西景德镇
陶瓷茶具

式中，逐渐形成丰富多彩的饮茶习俗。使用的茶具也各有千秋，茶具的材质、品种、造型和式样呈现出不同的特点。

1. 汉族茶具

汉民族的饮茶方式，既有豪爽的喝茶，也有细啜慢咽的品茶。喝茶注重感官享受，为的是解渴消暑；品茶注重精神享受，可以怡养性情。喝茶使用的茶具不用太讲究，可以是大碗、大茶杯，甚至直接把茶壶嘴送入嘴里大口畅饮。品茶就不同了，茶具不但讲究意境，茶具也繁多且精致。

历史上的茶具除了陶瓷器外，还有铜锡器、金银器、玉器、玛瑙器、搪瓷器、木器、竹器等。现代茶艺用具中，置茶器具包括由茶罐中取茶置入茶壶的茶勺或称茶则；将茶叶由茶则拨入茶壶的茶匙；放于壶口上导茶入壶，防止茶叶散落壶外的茶漏；用于将茶荷中的长条形茶叶压断的茶擂；分装茶叶的小罐茶仓。理茶器具有将茶渣从壶中、杯中夹出的茶夹；用于置茶、挖茶渣的茶匙；用于疏通壶嘴和壶内网的茶针；帮助清理出壶内的茶渣的茶刮。这些器具都放置在茶瓶中。此外，还有茶海、茶盅、母杯、公道杯用于分茶；茶杯、闻香杯、杯托是品茶用具；其他洗涤、煮水器具，不一而足。甚至还有香炉，焚香品茗。

汉族饮茶一般为清饮，就是将茶直接用开水冲泡，无需在茶汤中加入别的作

茶瓶

料，饮用原汁原味的茶。泡九道茶、品龙井、啜乌龙、吃盖碗茶和喝大碗茶是汉族具有代表性的饮茶方式。我国西南地区流行用普洱茶泡九道茶迎宾待客。“九道茶”之所以得名，是因为它有九道程序，即赏茶、洁具、置茶、泡茶、浸茶、匀茶、斟茶、敬茶、品茶。九道茶类似茶道，器具以选用紫砂茶具为佳，茶壶、茶杯、茶盘一色配套。

杭州西湖的龙井茶闻名九州。龙井不但是茶的名称，还是地名、寺名、井名。品龙井要选幽雅清丽的地方，慢慢细品。龙井色绿清幽，所以泡茶宜选用白瓷杯或玻璃杯。在清茶透亮的杯子中，看碧水中翠叶翻卷也是一种情趣。

闽南和广东的潮州、汕头等地的人们爱饮乌龙茶。乌龙茶要用小杯细啜。啜茶用的小杯，只有半个乒乓球大，玲珑雅致。啜乌龙茶还讲究用配套的“烹茶四宝”，就是风炉、烧水壶、茶壶、茶杯。啜茶时，先要举杯闻香，然后用拇指和食指握住杯沿，中指托杯底，举杯倾茶入口，含汤品味。这种重在鉴赏茶的香气和滋味的饮茶方式，极具情调和雅趣。

四川成都一带喝盖碗茶。四川人爱去茶馆喝茶聊天，四川茶馆桌子较矮，竹制椅子有扶手和靠背，可坐可倚。更特别的是四川人的茶具，用的不是小壶、小杯，而是茶盖、茶碗、茶船（茶托），称为“三件头”。茶盖盖而不严，既可以保温，又能透气，而且隔着茶盖喝茶，可以避免茶叶进入口中；茶碗上大下小，可在碗内用茶盖搅拌茶叶、茶水；茶船用于托碗底，便于端放，也能避免烫手。三件头大方而实用。四川人围在茶桌边，一边用三件头喝茶，一边摆龙门阵，日子悠闲自在，无拘无束。

北京的大碗茶也是一种豪放的饮茶方式。北京的大碗茶在茶摊或茶亭出售，用大桶或大壶装茶，喝茶用粗瓷大碗。炎热的夏天，人们端碗畅饮，也是一件快事儿。

2. 藏族茶具

我国少数民族的茶俗和饮茶方式更是多姿多彩。藏族人民喝酥油茶。青藏高原空气稀薄，气候高寒干旱，藏民主要从事的农业生产是放牧和种青稞，常年以奶、肉、糌粑为主食。茶可以消食解热，对于藏民的饮食结构是很好的调和。酥油茶所选用的茶叶一般是普洱茶或金尖，在茶汤中加入酥油以及炒熟、捣碎的核桃仁、花生米、芝麻粉、松子仁等作料，再放少量的食盐、鸡蛋等，经反复抽打而成。抽打酥油茶有专用的打茶筒，当抽打时发出的声音由“咣当，咣当”转为“嚓，嚓”时，酥油茶就打好了，用茶瓶装起来。敬酥油茶是西藏人款待宾客的珍贵礼仪。在藏族喇嘛祭祀时，虔诚的教徒要敬茶，而有钱的富人要施茶。喇嘛寺庙也有节日向信徒施茶的活动。

藏族羊奶壶、酥油壶

3. 罐罐茶

陕西、甘肃、宁夏的部分地区的山区游牧民族爱喝罐罐茶，用特制的沙罐在火上煨煮，把茶煮成黏状的浓汁，量越少越好。这是山区游牧民族的饮茶习俗。当地的“花儿”有关于罐罐茶的歌词：十三省家什都找遍，找不上菊花碗了，清茶熬成牛血了，茶叶儿熬成个纸了，双手递茶你不要，哪答些难为你了？久熬的浓茶不但有提神消肿的作用，而且特别能解渴。

4. 维吾尔族茶具

新疆的维吾尔族爱喝香茶。他们烤制的馕又香又脆，远近闻名。维吾尔族人民吃馕时，也喝香茶，茶成了他们佐食的汤料。他们认为，香茶有养胃提神的作用，是一种营养价值极高的饮料。维吾尔族煮香茶和喝香茶所使用的茶具很别致。煮香茶使用的是长颈茶壶，一般是铜制的，也有陶质、搪瓷或铝制的。喝香茶用的是小茶碗。煮香茶用的是砖茶，茶水煮沸后，加入姜、桂皮、胡椒等细末香料。煮茶的长颈壶上往往套有一个过滤网，以免倒茶时茶渣、香料混入茶汤中。

5. 回族茶具

回族饮茶习俗中最有特色的是喝刮碗子茶。刮碗子茶用普通炒青绿茶冲泡，茶碗中除放茶叶之外，还放入冰糖与各种干果，有红枣、苹果干、葡萄干、柿饼、桃干、桂圆干、枸杞等，多达七八种，所以也被称为“八宝茶”。刮碗子茶中不同种类的配料在茶汤中浸出的速度不同，所以每次续水后喝起来的味道也不一样。第一泡以茶的味道为主，清香甘醇；第二泡糖的成分较多，浓甜透香；第三泡茶的滋味开始变淡，干果的味道加强，甜美生津。一碗刮碗子茶能冲泡五六次，次次味道都不同。刮碗子茶用的茶具类似四川盖碗茶用的“三件套”，由碗盖、茶碗和碗托组成。把茶倒入茶碗，盖上碗盖可保温、保香。喝茶时，一手提茶托，一手握茶盖，并用茶盖顺碗口由里向外刮几下，既可拨去茶汤表面的泡沫，又使茶味与添加作料的味道相融，所以称为刮碗子茶。

6. 白族三道茶与茶具

云南大理的白族是一个热情好客的民族，逢喜庆日子或亲朋宾客来访之时，他们都会以“一苦、二甜、三回味”的三道茶款待。三道茶不但味道特别，还蕴涵做人的哲理。三道茶的制作方法和所用原料都不一样。第一道茶为“苦茶”。制作时，将一只小砂罐放在文火上烘烤。然后取新鲜茶叶放入烤热的罐内，并不停地转动砂罐，使茶叶受热均匀，叶色转黄时，注入沸水即可。茶水倒入茶盅内，由主人双手举盅敬奉给客人。这道茶色如琥珀，滋味苦涩，寓意“要立业，就要先吃苦。”第二道茶为“甜茶”。在客人喝完第一道茶之后，主人重新用小砂罐烤茶、煮茶，倒入茶汤前，在茶盅中放些红糖。这道茶香中带甜，寓意“做事要吃得了苦，才会有甜香来。”第三道茶为“回味茶”。煮茶方法与前两道茶相同，但茶盅中放入各种作料和食料，有蜂蜜、炒米花、花椒粒、核桃仁等。客人饮用时，要晃动茶盅，使茶汤和作料均匀混合。这道茶酸、甜、苦、辣各味俱全，令人回味无穷，有回味人生百味的寓意。

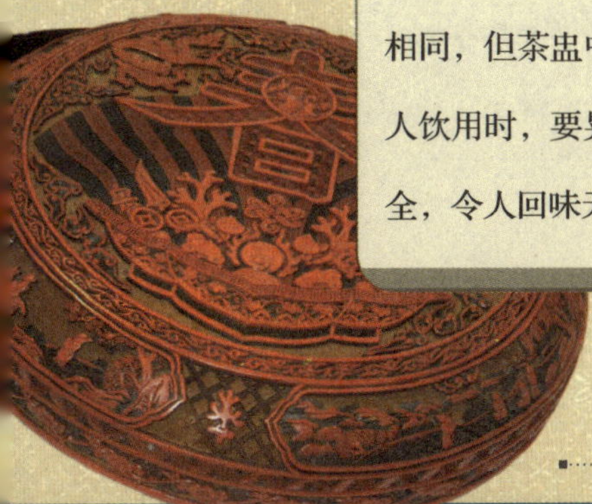

（四）紫砂茶具

1. 紫砂壶原料

我国茶具中的一朵奇葩是古雅优美的紫砂壶。紫砂壶主要以宜兴特有的紫砂泥为原料。紫砂泥呈紫红色和浅紫色，烧成后的茶壶成紫黑色或紫棕色。此外还有绿泥和红泥。绿泥为灰白色或灰绿色，烧成后呈浅灰色或浅黄色。红泥为棕红色，烧成后呈灰黑色。紫砂泥、红泥和绿泥深藏于岩石层中，质地细腻，可塑性强。紫砂壶内外均不施釉，陶胎吸水透气性能远远优于其他陶瓷制品。用紫砂壶泡茶，能长时间保持清茶的色、香、味。常年使用的紫砂壶，因壶壁吸收茶汁，即使不放茶叶直接倒入开水，也有茶香溢出。

2. 紫砂壶起源传说

据说宜兴的紫砂壶起源于明代。当时的金沙寺有一位僧人习惯用陶缸，就用细土捏成壶坯，烧制成最早的紫砂壶。有吴氏在金沙寺读书，其家僮供春聪明伶俐，向寺中僧人学习制作紫砂壶的技艺。他改变僧人用手捏制的方法，用木板旋泥，而且配合竹刀使用。供春根据陶泥的特质，烧制出造型雅致、质地较薄、坚硬耐用的紫砂壶，当时有“供春之壶胜于金石”之说。当时紫砂壶的制作，一般是家庭个体作坊，子承父业或师徒传承，全套工序都由一人完成。紫砂壶在清代还成为珍贵的御前用品，由宫廷直接向宜兴定制紫砂茶具。

3. 紫砂壶的优点

紫砂壶之所以广受欢迎，是因为它不但造型优美雅致，而且在使用上具有很多的优点。紫砂壶传热慢，不易烫手，也便于茶水保温；紫砂器具可以直接放到火上烧，即使在微波炉中使用也不会爆裂；紫砂壶泡茶不失原味，泡出的茶更为醇香浓郁；紫砂壶的泥色会随冲泡茶叶的不同而不同，经常冲泡红茶的茶壶会由红棕色变成红褐色，经常冲泡绿茶的茶壶会由红棕色变成棕褐色；紫砂壶透气性能好，泡茶不易变味，即使在夏天，隔夜茶也不会变馊。

易变形，可以做成各种造型。紫砂壶
喜好而各有千秋。一般来说，可分为
花货，模仿动、植物造型；三为筋纹
括钮、壶盖、壶腹、壶把、壶嘴、
羊，如壶盖有嵌盖、截盖、压盖等，

壶把有单把、圈把、斜把等。不同造型的紫砂壶被赋予一定的名称，如龙蛋、竹段、一粒珠、梅扁等。有些紫砂壶还具有很高的收藏价值。

茶具

叁

织绣印染

彝族织锦筒裙

霓裳华服是中华文明的一抹亮彩。纺织、印染、刺绣是我国民间传统工艺的重要组成部分，织绣印染工艺品种丰富，呈现鲜明的地域特色和民族特点。

一、千丝织成锦

中国是世界上纺织历史最悠久的国家之一，具有先进的纺织工艺。考古资料显示，中国历史上在新石器时代就有了用于纺纱的纺坠。纺坠的主要部件纺轮在全国许多地区都有出土。这种简便的纺纱工具被沿用了几千年，西藏地区一些游牧的藏民在20世纪仍在用它纺纱。西周时期相继出现了简单的机械缫车、纺车和织机。汉代时提花机和斜织机便在民间广泛使用。纺织机械的不断改进和完善促进了纺织业的发展。河南殷墟的“妇好墓”中出土的提花回纹的丝织物残片，马王堆汉墓出土的绒圈锦上织出环状绒圈，极具立体感；一件素纱禅衣长128厘米，通袖长190厘米，但只有49克重，可谓薄如蝉翼。

养蚕塑像

（一）纺织原料

在纺织工具改进的同时，纺织原料也向多样化发展。毛、麻、棉三种短纤维是古代世界各国纺织的中普遍使用的天然纤维，如地中海地区用羊毛和亚麻、印度半岛用棉花。而古代中国除了使用这三种纤维外，还大量利用蚕丝。

黄帝的妻子嫘祖传说是第一个养蚕的人，民间认为她也是最早用蚕丝进行纺织的人。蚕丝是所有天然纤维中最长、最纤细、最优良的纺织纤维，用蚕丝可以织出具有复杂花纹的提花织物。丝织生产技术是中国古代最具特色和代表性的纺织技术。这一技术的发展也造就了历史上著名的丝绸之路。

闻名中外的丝绸之路是西汉时期张骞出使西域开辟的一条陆上通道，以长安为起点，经甘肃、新疆、中亚、西亚，直抵地中海。之所以称之为“丝绸之路”，是因为这条欧亚贸易通道上的丝绸贸易影响巨大，丝绸与瓷器一样，是中国具有代表性的贸易输出商品，成为当时中国强盛、文明的象征。

中国的丝、绸、绫、缎、绢等丝织品，源源不断地输向中亚和欧洲，因此，古希腊、古罗马人称中国为“赛里斯”国，称中国人为“赛里斯”人。“赛里斯”就是“丝绸”的意思。丝绸不仅是贸易上重要的奢侈消费品，也是古代中国政府的一种政治工具，中国使节出使西域或其他国家时，往往将丝绸作为表示两国友好的赠礼。西方国家对中国的印象受丝绸的影响，昂贵瓷器和丝绸使他们认

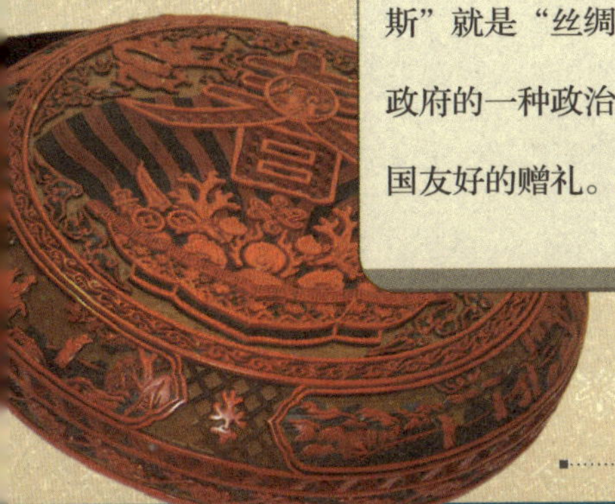

为中国是一个物产丰盈的富庶之地。各国元首及贵族曾一度以穿中国丝绸、用中国瓷器为富有荣耀的象征。

（二）纺织家黄道婆

不但纺织原料影响纺织技术和工艺的纺织，个人纺织知识的积累和技艺的创新也起着重要的作用。元代棉纺织家黄道婆就是这样一个在我国纺织发展史上被广为称道的民间人物。

黄道婆出身贫苦，童年时被卖给别人当童养媳。她白天下地干活，晚上还要织布到深夜，并遭受家庭的残酷压迫。不堪忍受的她逃到海南岛的崖州，劳动、生活在黎族姐妹当中。她心灵手巧，好学好问，善于琢磨，在海南岛学会运用制棉工具和纺织崖州被的方法。她重返故乡后，在乌泥泾镇，教人制棉，传授和推

织绸塑像

广先进的棉布织造技术。乌泥泾和松江一带迅速成为重要的棉纺织中心。松江布有“衣被天下”的美称。黄道婆去世后，人们立碑建祠纪念她为我国棉纺织技术

作出的卓越贡献，上海的南市区曾有先棉祠，建黄道婆禅院。至今在黄道婆的故乡乌泥泾还流传着一首歌谣："黄道婆，黄道婆，教我纱，教我布，二只筒子，两匹布。"

（三）中国四大名锦

我国传统纺织品中的杰出代表有云锦、蜀锦、宋锦、壮锦、傣锦等。其中，南京的云锦、成都的蜀锦、苏州的宋锦、广西的壮锦并称"中国四大名锦"。

1. 云锦

云锦之所以称为"云锦"，是因为它犹如天上的云霞一样绚丽多彩。织造云锦是南京历史上重要的手工生产。南京很早就设立了专门管理织锦的锦署。过去云锦受到宫廷和贵族的推崇，特别是织金夹银的云锦，雍容华贵，金碧辉煌，适合制成皇帝龙袍、皇后凤衣，以及嫔妃的服装和宫廷装饰品。云锦因此被指定为皇室御用贡品。元、明、清三代统治者相继在南京设立官办织造局，专门管理云锦的生产。曹雪芹祖上三代曾任清代官办江宁织造任官达65年之久。

云锦的织造工艺高超精细。挑花结本是云锦织造中一项基本而重要的工艺。挑花结本工艺仿照古老的结绳记事的方法，把花纹图案色彩转变成像计算机程序语言一样的花本，再上机进行织造。具体来说，就是用丝线作经线，用棉线作纬线，对照绘制好的意匠图，挑制成花纹样板"花本"。然后运用"花本"上机，提经织纬织成云锦。

照设计稿挑制出来的第一本花本，叫做"祖本"。祖本是供复制的模本。一般不上机使用。利用祖本这个模本，可以复制出无数的花本。根据已有的花本复制出另一花本的工艺，叫做"倒花"。把不完整的花本合并成一个完整花本，使之具备上机织造的要求，叫做"拼花"。

在清代官办的江宁织局中，云锦织品的纹样设计和挑花结本，是两项专门的

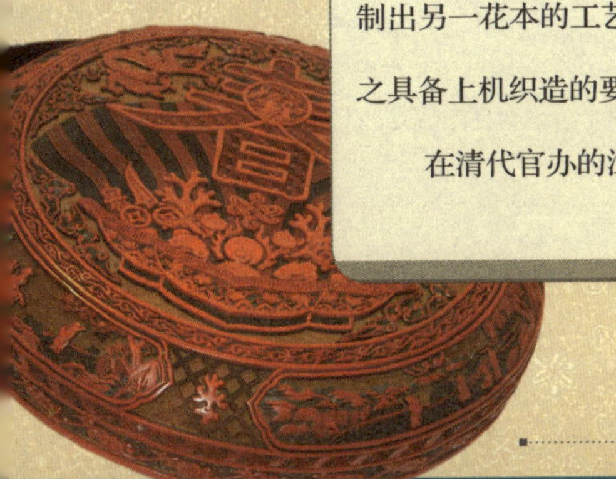

技术工种，由技艺高超的匠师专门承担。民间有挑花业、设计纹样和挑花结本。挑花业中技术比较全面的艺人，既会设计花样，又会挑花结本；而有的艺人不会设计花样，只会照设计好的图稿挑花结本。

河北蔚县土织布

2. 蜀锦

蜀锦是以四川成都为中心所产的织锦的通称。蜀锦是著名的民间工艺品，在汉代时就已闻名全国，其工艺一直延续至今。

蜀锦利用经纬线的规律排列织出彩条或方格图案，纺织时需要用独特的整经工艺。蜀锦已经形成了雨丝锦、方方锦、铺地锦、浣花锦、彩晕锦等成熟的著名品种。

雨丝锦的锦面用白色和其他色彩的经丝组成，形成色白相间，呈现明亮对比的雨丝状，雨丝条上再饰以各种花纹图案，具有轻快而和谐的韵律感。

方方锦是在单一底色上，配以彩色方格，方格内饰以古朴典雅的花纹图案，如梅鹊争春、凤穿牡丹、莲池鸳鸯等。

铺地锦又称为“锦上添花”，顾名思义，就是在布满几何纹样或细小花纹的缎面上，嵌织富丽堂皇的大朵花卉。

浣花锦又称花锦，由古代名锦“落花流水锦”发展而来，以曲水纹、浪花纹与落花组合成图案，古朴典雅。“落花流水锦”传说是唐代卜居成都浣花溪的贵妇人发明设计的，她根据荡漾的溪水设计织锦的花纹，织成的锦又在锦江上游溪水潭内洗涤，故此得名。

彩晕锦的织纹明暗匹配，层次分明，并以色晕过渡，独具特色。蜀锦图案繁华，织纹精细，配色典雅，而且质地坚韧耐用，所以经久不衰。

3. 宋锦

宋锦是具有宋代织锦风格的著名锦缎，因始产于南宋而得名。宋代是宋锦的发展期，明、清所织的宋锦称为仿古宋锦或宋式锦，统称为宋锦。因其产地主要在苏州，所以又称为苏州宋锦。

相传宋高宗南逃临安，由于迁都丢失了大量装备和装饰物品，急需一些华丽秀美的织锦，用于制作宫廷服装和书画装饰。苏州原本就是丝绸之府，土地肥沃，气候温和，蚕桑发达，盛产丝绸，这时开始大量生产宋锦。宋锦中有细薄织锦40多种，适合用于装裱书画。明代王鏊《姑苏志》载：当时织锦品种有海马云鹤、宝相花、方胜等。后来宋锦图案一度失传，直到清康熙年间，苏州机坊购得宋裱《淳化阁贴》10帙，上面裱有20多种宋锦，苏州古锦才得以恢复生产。

宋锦的品种多样，可分为重锦、细锦、匣锦和小锦四类。重锦和细锦可合称为大锦，所以宋锦又可分为大锦、匣锦和小锦三类，三种宋锦的风格和用途各不相同。精致厚重的大锦用于装帧名贵书画和制作华丽服饰；匣锦、小锦用于一般书画的装裱及工艺品的装潢。

重锦是宋锦中最贵重的品种。织造重锦时，纬线上大量使用捻金线或片金线，并采用几种复杂的织造工艺技术，织成植物花卉纹、龟背纹、盘绦纹、八宝

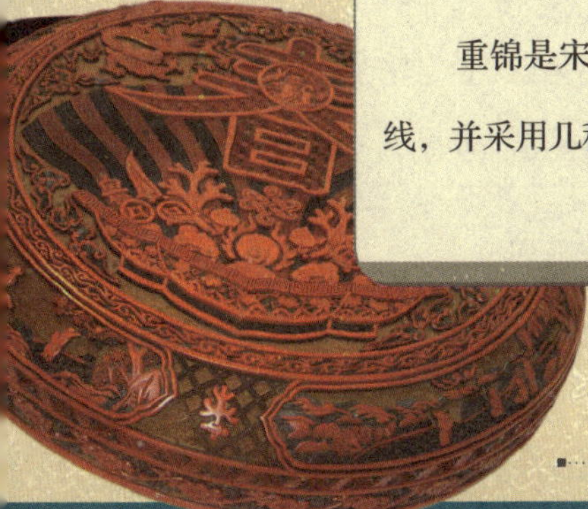

绸缎

纹等丰富华美的图案。重锦主要用于宫廷里的巨幅挂轴和各类陈设品。北京故宫博物院收藏的清代乾隆彩织重锦“极乐世界”图轴，就是宋锦的极品。宽大的独幅纹样中织有278个神态各异的佛像，祥云缭绕，巍峨宫殿，宝池树石，奇花异鸟，充分展现了制造宋锦的高超工艺水平。

4. 壮锦

壮锦是广西壮族很有民族特色和地方风格的民间传统手工织锦，因为壮族从宋代起也称为僮，所以壮锦又叫做僮锦。

壮锦一般以棉线或麻线为经，以彩色绒线为纬，在织物正反面形成对称花纹，纹理清晰，色彩丰富浓艳，布质柔软而厚重，也被称为绒花被，适合做衣裙、台布、壁挂、挎包、围裙等的面料。壮锦有回纹、水纹、云纹、同心圆纹、二龙戏珠、花卉、动物等各种纹样。其中，凤的图案最受欢迎，有“十件壮锦九件凤，活似凤从锦中出”的说法。壮族人民喜爱凤凰，把凤凰视为吉祥的象征。

美丽的壮锦有一个美丽的传说，据说宋代有一名壮族姑娘叫达尼妹，她看到蜘蛛网上悬挂着的露珠，太阳出来时，阳光照耀着露珠，发出闪烁的光彩。达尼妹灵机一动，便用五光十色的丝线为纬，用原色细纱为经，纺织成色彩斑斓的壮锦。

关于壮锦，还有一个动人的故事。古时候，大山脚下住着一位壮族老妈妈，与三个儿子相依为命。老妈妈的纺织技艺精湛。她织出了一幅壮锦，上面有房屋，有花园，有田地、果园、菜园和鱼塘，还有鸡、鸭、牛、羊。有一天，一阵大风把壮锦卷到东方的天边。原来是那里的一群仙女看到美丽的壮锦，就拿去做样子。老妈妈先后派老大和老二去寻找壮锦，但他们都畏惧路途艰辛，拿着老妈妈给的钱到城里享福去了。老妈妈派老三去找，他不畏艰辛，越过火山和大海，找到了红衣仙女。红衣仙女正照着老妈妈的壮锦样子在织锦，老三趁机拿走自己家的壮锦，骑马回到老妈妈的身边。没想到壮锦在地上渐渐地伸展，上面织的东西都变成真的。而且偷偷在壮锦上绣下了自己画像的仙女也变成了真人，被老三带回家中，结为夫妻。他们从此在美丽的家园过上了幸福的生活。

湖南土家族织锦

工巧绚丽的壮锦反映了壮族人民健康淳朴的审美情趣，也反映了他们对生活、大自然和民族文化的热爱。

（四）傣锦

傣锦是流传在傣族人民当中的一种民间织锦，在当地被称为娑罗布。过去的傣族妇女，几乎人人都会编织傣锦。

傣锦
屈永仙 摄

织造时，傣族妇女先将花纹组织用一根根细绳系在“纹板”上，手提脚蹬，使经线形成上下两层便可投纬，织成精巧艳丽、图案别致、坚牢耐用的傣锦。傣锦地方特色和生活气息浓郁，图案丰富多彩。每一种图案的色彩、纹样都有一定的内容和寓意。红绿颜色是为了纪念祖先，孔雀图案象征吉祥，人像图案象征五谷丰登。有的图案带有权

云南傣族
德宏织锦

势地位或宗教含义，以前，织有狮子、大象、马等图案的傣锦只有土司、头人才能使用，宝塔的图案只有在缅寺的幡上才能见到。

色调鲜明、图案瑰丽的傣锦用途广泛，可制成筒帕、筒裙、被面、床单、窗帘、沙发垫和结婚礼服、顶头帕等，受到我国各族人民以及缅甸、泰国等东南亚地区人民的欢迎和喜爱。

二、染布做成画

印染工艺在我国已有几千年的历史，新石器时期就有了染料；夏、商、周时期，织染成为专业化的工艺；春秋战国时出现了专司织物染色的染坊；到汉代，染色工艺已相当发达和完善。

（一）染料和色彩

我国古代的染色材料可分为矿物颜料和植物染料，主要是植物染料。矿物颜料和植物染料的着色原理不一样。矿物颜料着色是通过黏合剂使之黏附于织物的表面，所以颜色遇水容易脱落。相比之下，植物染料更具优势，植物染料的色素分子通过与织物纤维亲和而改变纤维的色彩，虽经日晒水洗，色彩也不易脱落。

我国古代先民很早就掌握了多种植物染料的性质，并根据不同的染料特性而创造了各种染色工艺，有直接染、媒染、还原染、防染、套色染等。这反映了我国古代染料品种和工艺方法的多样性。

古代印染行业的色谱也十分丰富，仅古籍中见于记载的就有上百种，而且还在一种色调中明确地分出各种近似色，这表明我国古代印染艺人熟练地掌握了各种染料的组合、配方，并能根据染料和颜色改变工艺条件。古人还把印染与季节气候结合起来，因时行事。他们认为冬季太冷，不适宜染织物；到春天气温回

升，才开始准备印染工作；夏季炎热，可以染有天地之色之称的赤黄色和黑色，秋天可染五色。

（二）印染工艺

古代把通过印染制作出有花纹的织物叫作“缬”。我国传统印染物根据不同印染工艺分为四缬，即夹缬、蜡缬、绞缬、灰缬，也就是今天的夹染、蜡染、扎染、蓝印花布，统称为蓝染织物。

夹缬在秦汉时期就已出现，是用雕镂有纹饰的木版夹住织物在染液中浸染。白居易的诗句“成都新夹缬，梁汉碎胭脂”，说的就是夹缬这种印染工艺。古代夹缬型版的纹样多为戏曲人物，特色鲜明。

蜡缬的工艺原理是用蜡密封住部分织物，不使染液浸入而形成花纹。最早用于蜡缬的密封物并不是蜂蜡，而是枫香树的树汁，也就是枫香蜡。枫香树汁涂在布织物上能严实地封住纤维，现在则多用蜂蜡。

扎染是用绳线捆扎布料或衣片，使其形成某种纹饰再浸染。扎染分为串扎和撮扎两种方式。前者图案文静典雅，后者图案热烈活泼。扎染与蜡染的染料是可以一样的，但扎染的面料不是靠

新疆维吾尔族印染模子

新疆维吾尔族印染

附着蜡来形成图案，而是依靠绳子裹扎一部分面料，被扎住的部分不放到染料中而形成图案。在形象处理上比蜡染难度大，不太容易掌握。我国云南大理的印染织物闻名中外。

（三）蓝印花布

蓝印花布的印染工艺在历史上出现得最晚，但应用地域非常广。过去，蓝印花布是我国民间流传最广的印染品之一。据说蓝印花布的首创者是宋代嘉定的归氏。蓝印花布在明、清时期叫做药斑布或浇花布。这一时期的江南大量种植棉花，棉纺织和印染业发达，蓝印花布的需求量也很大，成为纺织品市场上的主要产品

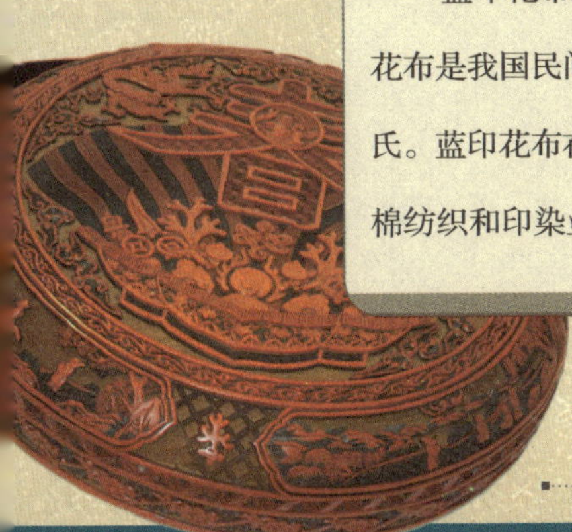

之一。蓝印花布的印染工艺趋于成熟，品种也非常丰富。

1. 蓝印花布的印染工艺

蓝印花布防染用的是由豆粉和石灰混合成的糊状物，俗称灰药。灰药通过型版而漏印到坯布上，形成花纹图案。将布匹放入染缸浸染，晾晒干后，去掉灰药的部分，形成蓝地白花的布料。

蓝印花布和蜡染都是受到夹撷的启发，都是用防染原理产生图案，蓝印花布的型版用多层裱糊的纸浸透桐油，然后在纸板上镂刻图案制成，比夹撷木质型版加工要简单容易得多。印制图案纹样时，型版可以灵活拼接。纸质型版轻薄小巧，方便移动和清洗，印染工人的劳动强度大为降低。 防染灰药的材料为日常物品，价格低廉。所以蓝印花布一度流行于我国各地的生产作坊，成为蓝染业的主流。

2. 蓝印花布的纹样图案

蓝印花布制成的服饰、床上用品、门帘、桌布、手提袋、围兜、方巾等，长期以来受到人们的喜爱。蓝印花布的图案纹样多具吉祥寓意。蓝印花布的纹饰以花鸟为主，以小折枝为散点排列，其中又以二三个散点最为普遍。装饰图案的题材还包括双狮滚球、鸳鸯戏莲、喜上眉梢、麒麟送子、五子夺魁、凤穿牡丹、鲤鱼龙门、松鹤延年、和合二仙、刘海金蟾、岁寒三友等。

3. 蓝印花布的地域性特征

总体上来看，北方的蓝印花布图案比较写实，南方地区的蓝印花布风格比较写意。山东的蓝印花布写实性较强，表现出拙朴稚气的风格，乡土气息浓厚。长江流域一带的蓝印花布偏向于绘画风格，设计感较强，构图巧妙。

（四）苗族蜡染

少数民族印染工艺中，苗、瑶、布依等少数民族的蜡染独树一帜。苗族的蜡染工艺在古代被称为“阑干斑布”，蜡染用蜡作为防染剂，利用染色和空白之间的简单对比控制染色面积，形成各种各样的美丽图案。

1. 蜡染工艺原理

蜡染，古称蜡缬，与绞缬（扎染）、夹缬（镂空印花）并称为我国古代三大印花技艺。蜡染的原理是用蜡把花纹点绘在天然纤维织物上，然后放入靛蓝染料缸中浸染，有蜡的地方染不上颜色，除去蜡后，即现出因蜡保护而产生的美丽白花。其实蓝地白花并没有什么可稀奇的，蓝印花布也是蓝地白花。蜡染的独特之处在于“冰纹”。蜡染上色时，蜡块因折叠而迸裂，染料渗透形成一种带有抽象图案纹理的染纹。

2. 蜡染颜色图案

蜡染能染出蓝底白花的花布，但是过去人们见过红底白花、黄底白花、绿底白花的民间蜡染布。靛蓝染色属于氧化还原反应，只需要在普通的冷水中就可以进行。而红花素和栀子黄素等其他颜色的植物染料，需要在较高温度的热水中上染棉布，否则很容易掉色。而在这种高温下，蜂蜡早已融化，无法保持防止染色的花形。所以古代几乎没有其他颜色的蜡染布。依靠现代染色工艺技术，染出其他颜色的蜡染布才不是什么难事。

贵州苗族蜡染织布图

3. 蜡染起源传说

关于蜡染的起源还有一个灰姑娘式的传说。古时候有个聪明美丽的苗族姑娘，家里贫穷，节日时大家都穿戴得漂漂亮亮地去参加芦笙会，但是这个姑娘没有花衣花裙，只能在家独自伤心。这时楼板上的蜂窝掉下来，落在她织好的白布上，蜂蜡也流到白布上，没想到印染出来的布在蜂蜡凝固的地方形成了美丽的白花纹。她穿上蓝底白花的衣裙到芦笙场，引来人们羡慕的目光，大家纷纷向她请教染布技艺，蜡染由此在贵州苗族传播开来。

苗族人无论老幼都爱穿戴蜡染服饰。每个姑娘出嫁时都有几套精美的蜡染衣裙以及蜡染床单、被面做嫁妆。贵州织金龙场乡的苗家姑娘出嫁送亲时，要由两个男子背上24条蜡染裙，快到男方寨子时，新娘要把这24条裙子都穿上。苗族还有用蜡染衣物陪葬的风俗。

在苗族地区，很多地方都传唱《蜡染歌》，叙述着蜡染起源的另一个故事。有一个心灵手巧的苗族姑娘，她并不满足于衣服的单调均一色彩，总希望能在裙子上染出各式各样的图案。但是，一件一件地手工绘制非常麻烦。她一时想不出什么好办法，为此而闷闷不乐。

有一天，姑娘又在想印染图案的办法，她看着一簇簇的鲜花发愣，在沉思中不觉昏昏入睡。朦胧中，有一个衣着漂亮的花仙子把她带到一个百花园中游逛，姑娘在花园中看得入了迷，连蜜蜂爬满了她的衣裙也浑然不知。等她醒来，才知道是一场梦。当她低头看时，发现花丛中的蜜蜂真的飞到她身上，而且在她的衣裙上留下了斑斑点点的蜜汁和蜂蜡，很不好看。她只好把衣裙拿到靛蓝染桶中去，想把衣裙重新染一次，覆盖掉蜡迹。她染完之后，又把衣裙拿到沸水中去漂清浮色。当姑娘从沸水中取出衣裙的时候，奇迹出现了，深蓝色的衣裙上被蜂蜡沾过的地方出现了美丽的白花！姑娘灵机一动，立即找来蜂蜡，加热熬化后，用树枝在白布上画出蜡花图案，放到靛蓝染液中去染色，然后用沸水熔掉蜂蜡，布面上就现出了美丽的白花图案。人们纷纷向她学习描花绘图印蜡染布的技艺，照着姑娘教给的方法，染出了花样繁多的花布。从此，蜡染技术就在苗族及与之杂居的布依族和瑶族等兄弟民族之间流传开来。

三、巧手牵彩线

刺绣也被称为女红，是女孩的重要“闺教”之一。有趣的是传说中刺绣的创始者却是男性。传说刺绣始于大禹时代，舜命大禹用五色线在衣服上刺绣，图案取自12种古象：日、月、星辰、山、龙、华虫、宗彝、藻、火、粉米、斧形、两弓或两兽相背形。这12种图案成为历代帝王的典型服饰图案。其实，作为手工艺的刺绣，是在一般缝纫的基础上发展而来的。穿针引线缝制衣服给人们以刺绣的启发。

（一）刺绣发展和民俗功能

中国的刺绣发展，先是在衣裳上刺绣以装饰。《尚书》记载的章服制度规定“衣画而裳绣”。《诗经》中有“素衣朱绣”的描绘。宋代时期崇尚华丽服饰，刺绣已逐渐在民间广泛流行。刺绣工艺而后扩展到起居日用品，后来才出现刺绣观赏品。现在，刺绣分为两类，即刺绣实用品和刺绣书画。

明代刺绣已成为一种极具表现力的艺术品。明代嘉靖年间的进士顾名世始创著名的顾绣，顾家几代都善刺绣，其子顾汇海之妾缪氏善绣字画，顾汇海次子之妻韩希孟所绣的古今名画被称为画绣，又谓之“韩媛绣”。

云南傣族布包
屈永仙 摄

刺绣能反映女孩的心灵手巧程度，也是少女恋爱定情的重要媒介。少女送给心上人的定情信物，如荷包、手帕、花带、香袋等，都要一针一线亲手刺绣，因为这是纯洁坚贞的爱情的象征。

刺绣云云鞋

质朴纯真的刺绣，表现出刺绣者内心的深情。

刺绣中有一种手法叫布贴花或补花，即用小块的不同颜色布料拼接成各种图案。这很像古代民间给小孩穿的“百家衣”，古人有向乡邻收集各种颜色布料拼制童衣的习俗，以求百家保护，护佑少儿健康平安成长。

（二）四大名绣

刺绣是我国的民族传统手工艺，因地域不同而具有不同的风格特点。北方用针较粗，配色亮丽；南方地区的刺绣历史比北方长，技术比北方高，风格细腻秀雅。江苏的苏绣、广东的粤绣、湖南的湘绣、四川的蜀绣被称为我国的“四大名绣”。

1. 苏绣

苏绣从狭义上可以理解为苏州刺绣，广义的苏绣是以苏州为中心包括江苏地区刺绣产品的总称。

江苏发达的丝锦织物为这里刺绣工艺的发展创造了良好的条件。目前发现最早的苏绣实物，是五代北宋时期的苏州瑞光塔和虎丘塔出土的苏绣经袱。史料称宋代以后苏州地区丝织、刺绣业颇为兴盛，农村“家家养蚕，户户刺绣”，城内还出现了以绣线巷、滚绣坊、锦绣坊、绣花弄等命名的坊巷。清代时，苏州“家家有刺绣，户户有绣娘”。有“绣市”的美称。

江南水乡，人文气息浓厚，出现了以唐伯虎、沈周为代表的吴门画派，绘画艺术对苏绣的发展起了推动作用。刺绣艺人以针作画，结合绘画作品进行刺绣制作，所绣作品绣工精细，色彩典雅，极具笔墨韵味。苏绣因此形成可与书画艺术斗艳的独特风格。苏绣代表艺人沈寿首创“仿真绣”，在刺绣中表现西方油画的透视和光影效果。

清代绣谱中用“齐、光、直、匀、薄、顺、密”7个字概括苏绣的主要特点，这也是对苏绣技艺的高度赞扬。“齐”指图案边缘齐整；“光”指光彩夺目，色泽鲜明；“直”指线条直顺；“匀”指线条精细均匀，疏密一致；“薄”

苏绣
赵红育作品

新疆维吾尔族
印花布

指绣线精细，图案细薄；“顺”指丝理圆转自如；“密”指线条排列紧凑，不露针迹。苏绣的代表性绣法是双面绣，即在织物正反面绣出完全相同的图案，两面都可供欣赏。

苏绣品种繁多，可分为两大类。第一类是日用品，有服饰刺绣，如披肩、旗袍、裙子、虎头鞋、虎头帽。小件用品包括荷包袋、香料袋、折扇袋、镜子套、小挂件等。大件的室内用品，包括被面、枕套、桌围、椅垫、门帘、台布、沙发靠垫、电视机套等。特殊用品，有官服补子、车轿装饰、戏衣、寿衣等。过江南水乡生活的苏州人民，喜欢淡雅素丽的风格，所以日用品的刺绣装饰也秀丽雅致，华而不俗。

第二类是欣赏品，有挂件，如画片、立轴、中堂、对联等，还有台屏、单屏、折屏、册页等。其题材广泛，包括山水、人物、花卉、书法等。苏绣的传统题材有猫、鱼和孔雀，这些题材的绣工充分体现了苏绣精细逼真的风格特征。绣工要用千针万线才能绣出小猫蓬茸的毛丝和生动的神态。在色彩的运用上，绣工用20多种色线绣猫眼瞳孔的不同受光部位，绣出的猫犹如会转动眼睛的活物。金鱼尾巴的透明质感要用极细的绣线来表现，一根头发粗细的丝线要劈成48根来绣制，巧夺天工的刺绣工艺创造出宛如在水中游动的金鱼。

2. 湘绣

湘绣是以湖南长沙为中心的刺绣产品的总称。湘绣在湖南民间刺绣的基础上，吸收了苏绣和粤绣的特点，慢慢形成别具一格的地域特色。

湘绣绣品主要用真丝丝线在真丝织物上绣制图案，其构图严谨而风格豪放，

湘绣

形神兼备，富于表现力。湘绣以中国画为基础，“以针为笔，以纤素为纸，以丝绒为颜色”，配色上善于运用深浅灰及黑白颜色，由深到浅或由浅到深的过渡，表达出渐变而均匀的色阶，加上适当的明暗对比，表现出极强的质感和立体感。构图虚实结合，善于利用空白，突出主题。湘绣具有水墨画的素雅风格，绣品具有“绣花能生香，绣鸟能听声，绣虎能奔跑，绣人能传神”的艺术效果。用于刺绣的丝线，用皂荚仁溶液蒸煮擦拭，绒丝不易起毛，光细胜于发丝。

湘绣有名的传统题材是狮子和老虎，其中老虎最为多见，也更为著名。民间有“苏猫、湘虎”之说。为了表现猛虎皮毛的质感，刺绣艺人在毛针的基础上创制了鬅毛针。鬅毛针的绣法是，丝线排列成撑开的聚散状，如同真毛一样，一端入肉，一端鬅起层层加绣后。湘绣艺人所绣制的虎毛，刚劲直竖，几乎可以乱真。

湘绣还发展了双面绣的绣法。与苏绣的双面绣不同的是，湘绣的著名绣法是“双面全异绣”，绣的正反两面的针法、色彩、图案完全不同。

3. 粤绣

粤绣是广东省的广州市为生产中心的手工刺绣。粤绣分为广绣和潮绣两大体系，有人认为粤绣由黎族的刺绣发展而来。

粤绣具有五点突出的特色。一是用线多样，丝线、绒线、孔雀毛、绒和毛相缠，等等，都可用于刺绣。二是喜用金线作刺绣花纹的轮廓线。三是色彩浓艳富丽，对比强烈。四是布局丰满，装饰繁缛，热闹紧凑。五是绣工多为男性。

广州的刺绣艺人善于创新，敢想敢做。18世纪中叶“皮金绣”，用羊皮金作衬，绣品金光闪烁。广州刺绣艺人还用孔雀毛编成线，绣出精美非凡花纹图案。他们还独具匠心，用马尾鬃缠绒作勒线。粤绣还运用“水路”的独特技法，绣出层次分明的图案。“水路”就是在绣面的图案上留出距离，形成空白的细线，比如在花卉的花瓣或鸟类的羽毛之间，留一条清晰而均匀的“水路”，这样图案形象就会显得更加醒目。粤绣艺人也很有商业经营意识，清乾隆时广州就成立了刺绣行会“锦绣行”，专门经营出口刺绣。

粤绣的主要题材是喜庆吉祥、具有地方特色的花卉、禽鸟、龙凤、佛手瓜果等。绣品有欣赏品，如条屏、座屏、屏风等。日用品有被面、枕套、披巾、头巾、鞋帽、镜屏、挂幛、条幅等。潮绣中的潮剧服装非常著名。粤绣绣品还有宗教用品，如神袍以及寺庙内的装饰品等。故宫博物院陈列有乾隆嘉庆时期的粤绣挂屏、团扇、背心等。

4. 蜀绣

蜀绣又称川绣，是四川地区以成都为中心的刺绣。蜀绣起源于四川西部的民间刺绣，技法独特，绣法灵活，平整光亮，构图疏朗。绣品一般采用绸、缎、绢、纱、绉作为面料，以软缎、彩丝为主要原料，并根据绣物的需要，采用不同的针法和色彩。蜀绣丝线粗细兼用，针迹平齐。在针法运用特点上，蜀绣常用晕针来表现绣物的质感，突出光色变化。不管是灵动敏捷的动物，还是娇艳多姿的花鸟，都绣得惟妙惟肖。

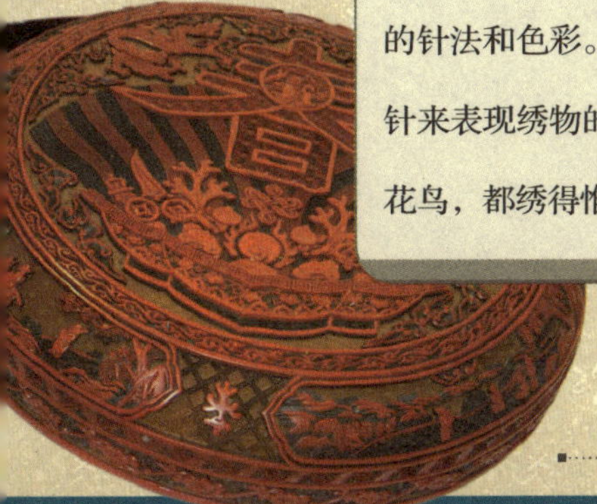

四川羌族刺绣

现在四川从事刺绣业的一般是女子。但过去都是男性绣工，而今的蜀绣老艺人还几乎都是男子。据说清道光年间，有一位官员从苏州调任四川，随带了一个戏班，戏班中有三位男性绣衣师傅，他们招徒授技，只招男子，不招闺阁女子，代代相传，就沿袭成俗了。

过去蜀绣在民间很盛行。清代时就出现了华兴、德春、裕龙等有名的刺绣作坊。成都周围郊县农村多从事刺绣业，民间有很多刺绣高手。刺绣商号和绣铺也很多。一种有趣的现象是，当时来成都的外国人常出高价购买用了几十年的旧绣品，转变其用途，或为使用品，或为玩物，比如女人的裙幅，他们买回家作门帘；而迎神赛会的绣帐，他们挂在墙壁上当做屏幅观赏。这足以说明蜀绣的精致秀美。

蜀绣题材主要为山水走兽、花鸟鱼虫等。绣品既有巨幅条屏，也有袖珍摆件；欣赏性工艺品和实用性日用品的品种都很丰富。代表性工艺品有北京人民大会堂四川厅的巨幅“芙蓉鲤鱼”座屏、“蜀宫乐女演乐图”挂屏、“大小熊猫”座屏等。人们还手工刺绣被面、枕套、头巾、手巾、衣服、鞋帽等。

蜀绣有双面绣和双面异色、异形、异针法的三异绣等独特的技法，是一门古老民间工艺。它为人们的生活增添了色彩和美丽，具有丰富的民间文化底蕴。

（三）特殊刺绣

1. 发绣

“发绣一枝花，天下谁不夸，巧手拈秀发，银针飞彩霞。”这首歌唱的就是我国独特的刺绣品种“发绣”，这是一种以人的头发代替丝线进行刺绣的刺绣工艺。现在发绣的主要产地是江苏的东台和山东的济南、青岛等地。

头发具有细、柔、韧、光、滑的特性，还有黑、白、灰、黄、棕等自然色泽，经久不褪。以发代线，白地黑线，具有白描效果，适宜绣制人物、山水等。发绣绣品针迹细密、色彩柔和、质朴素净。

发绣的发展与宗教信仰有密切关系。唐代是佛教的鼎盛时期，虔诚的信女用自己的秀发，在丝绢上绣成佛像膜拜。发绣由此产生。宋代的“妙法莲华经”也是发绣作品。相传现藏于伦敦博物馆的《东方塑像》，是南宋皇帝赵构的妃子刘安的绣作。

元、明、清都有优秀的发绣刺绣品。这一时期的绣品不仅限于宗教题材，内容推陈出新，明代夏明远绣了《滕王阁图》和《黄鹤楼图》两幅景物图，上海博物馆还收藏有明代嘉靖年间的发绣《倚琴伫月图》，成都文殊院的发绣藏品有清代道光年间陕西总督杨延春之女绣的《水月观音》。

2. 珠绣

珠绣是用线串珠子或亮片进行刺绣的绣法。有凸绣、平绣、串绣、粒绣、乱针绣、竖针绣、叠片绣等多种独特的传统工艺手法。绣品有浅浮雕的效果，珠子和亮片使图案显得光彩夺目、富丽堂皇。

福建厦门的珠绣已有100多年的历史。据说清末民初时，华侨将南洋用玻璃

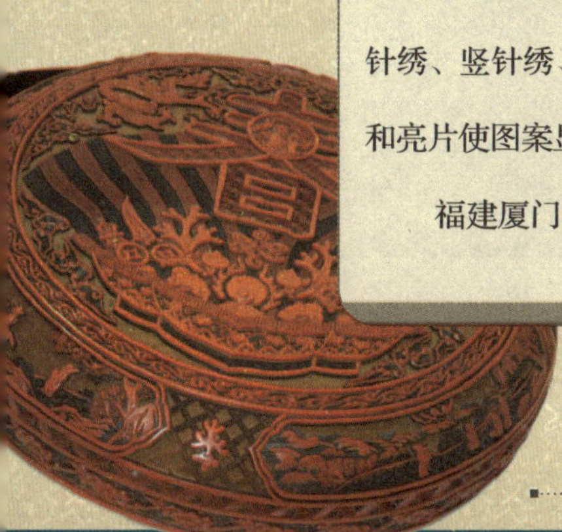

福建厦门珠绣
谢丽瑜作品

珠子装饰的绣花拖鞋带回厦门，当地的刺绣艺人受到启发，尝试用玻璃珠子在鞋面上绣花鸟图案，由此产生了厦门珠绣。

厦门珠绣的产品有珠绣拖鞋、珠绣包、珠绣挂图等100多个品种。产品别致新颖，工艺精细，畅销国内外。

云南彝族火草被

肆 手编工艺

草人

劳动人民善于从大自然中获取生存资源，竹子、藤条、柳条、芦苇、麦秸、野草、苎麻等野外常见的植物，在手工艺者灵巧的手中，变成了桌椅、鞋帽、提篮、扇子、坐垫、背篓、屏风、玩具等。人们充分利用植物的茎、叶、皮、枝条，根据其特性进行适当加工，编成实用美观的手工艺品。

一、编草鞋，走天下

草编手工艺在我国具有悠久的历史，在民间非常普及。在古代，鞋子也称为履，履是指草编的鞋子。据记载，在距今4 000年前的夏朝，人们就开始用捶软的草丝来编鞋，一般老百姓穿的都是这种鞋。《诗经》中有“纠纠葛履”的诗句，指的是用葛麻线编成的鞋。周代出现了专业性的“草工”从事草编。秦汉时期，草编已流行于民间。

草编座垫

（一）草编的原料

草编的原料是具有柔韧性的草本植物。草编原料生长地域广泛，资源丰富，不管是遍地的野草、水草，还是种植作物中的麦秆、玉米皮、高粱秆、麻杆等，在人们的巧手中都可以编成各种日用品和欣赏性摆设品。草编对于原料有一定的要求，草茎要光滑柔韧，质细并有较强的耐折性。草编所用的草料要进行挑选和整理，然后要水煮、晾晒、漂洗等。在颜色上则可利用草的原色，或进行染色。

由于自然地理环境和物产的差异，南方草编和北方草编的原料有所区别。南方长江流域的草编原料一般是野生草，如黄草、苏草、席草、金丝草、蒲草、龙须草、马蔺草、蒯草、荐草、竹壳、箬壳等，也有用农作物稻草为原料的。北方黄河流域的草编原料既有栽培的，也有野生的，如麦秸、玉米皮、稻草、麻、琅琊草、马拌草、三棱草、山箭草等。

过去草编的季节性强，多为家庭副业。农闲时编织草编产品既可自己使用，也可赠送亲友，或者在市场出售以补贴家用。现在，有组织生产草编的工厂。草料来源因地制宜，沿海用海草，靠山用岩草，近水用水草。不同的草料决定草编的种类、花色和生产工艺。比如蔺草编的坐垫、水草编的草席、芒茇草编的箱子，每一种都有自己的优势和特点。

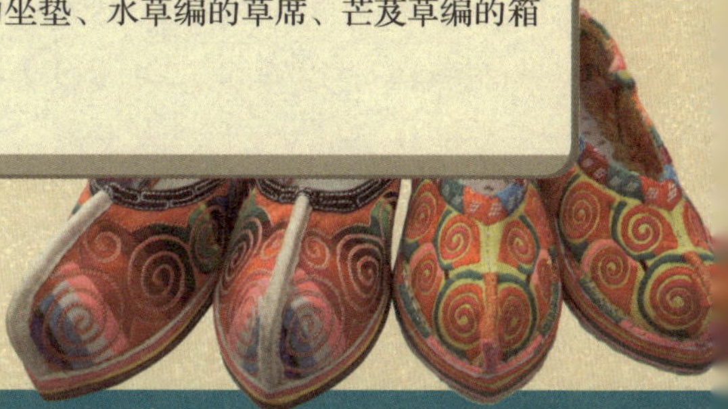

（二）南方草编

南方草编生产地有福建、广东、云南，以及长江流域的四川、湖北、湖南、江苏、浙江等。草席、草鞋、草帽等日用品是常见的产品。

福建草编的原料之一是“三角蔺草”，这是从台湾传过来的。因其大量产于台湾大甲溪边，又称为“大甲草”。福建省福州市的寿山石雕远近闻名，民国时期，福州的石雕工匠过海到台湾大甲谋生。当时台湾被日本侵占，日本人不准中国人从事刻印业，石雕工匠无以为业，便向当地人学种蔺草，又取擅长草编的当地女子为妻。他们后来设法把草种带回到福州，种植蔺草，传授草编工艺，蔺草种植和编织在乡人中传播开来。

福州蔺草草编工艺细致，素雅大方。随着生产的发展，产品品种花色也不断增加。品种除了草帽、草席、草帘外，还有沙发席、枕头席、手提包、杯套等。编织的纹饰也多种多样，有镂空的花边、蝴蝶、梅花、水仙、莲花、牡丹、鸽子等图案。

福建草编还可分为咸草编和淡草编。咸草编的编织原料是海草，所以产地主要在闽侯、长乐、福州等沿海地区。琅岐岛盛行咸草编，几乎全岛妇女都会草编手艺。咸草编粗糙易霉，但价廉实用。淡草编是用淡水草编织草席、拖鞋、草帽、包、篮等。用淡水草编织的物品不易霉变，比咸草编经久耐用，所以更受欢迎。

福建的特色草编还有龙舌兰草鞋、芒芨草编、棕蕊扇等。

民国时期，福州琅岐乡的基督教士陈英为传教而将龙舌兰纤维编织工艺传授给当地妇女。纤维细长、质地坚韧的龙舌兰纤维，与麻绳搓合编织成鞋底，鞋面则全用龙舌兰编织。编成的草鞋轻便耐用，不易受潮，比普通草面麻底的鞋耐久得多。

芒芨草，俗称毛枝草，生长迅速，着色力强，是很好的编织材料。芒芨草可编成仿藤手工艺品，或与竹、木、钢等材料结合编制书架、桌椅、箱架等。其优点是美观大方、柔软耐压、价格低廉；缺点在于使用期不长，两年后枝条变色发脆，容易折断。

棕蕊扇是福建诏安的民间工艺，农村妇女多以此为副业。棕蕊扇有素色的，也有染色的。其特点是清雅别致、质韧耐用、轻盈舒适。由于棕蕊扇原料是未成熟的棕蕊，取去棕蕊会影响棕树的正常生长，原料难得，所以棕蕊扇成为夏季赠送亲友的佳品。

浙江、江苏一带的草席很有名。江苏仪征朴席镇在历史上有“三湾九井十八巷，家家户户织席忙”之说。所产的朴席色泽光洁，坚韧耐用，被形容为“直立不倒、盛水不漏”的草席。

长江流域的民间草编还盛行编织草鞋。草鞋制作的原料也多种多样。古代的草鞋受水稻种植的影响，多以稻草编成。那时候的草鞋还有个别名叫“不惜”。因为稻草鞋制作简单，用草绳穿起鞋底就可以了，走路多的时候，一天内就能穿破，破了便丢弃，故此得名。春秋战国，王公贵族也穿草鞋。大思想家庄子不仅会编草鞋，还穿着破草鞋去见魏王。东汉后，王孙贵族才不再穿草鞋。但轻便实用的草鞋在民间广受欢迎。用蒲草编成的草鞋称为“蒲鞋”。山区还有用笋壳编鞋的。

（三）北方草编

北方黄河流域一带的山东、山西、河南的草编都很有代表性。

山东掖县的草编已经有500多年的历史，其原材料主要是麦秸、玉米皮、蒲草。有一种说法认为，中国各地的草编工艺最早是由山东传出的，而山东各地的草编又出自掖县，掖县草编又称为“莱州草编”。因为掖县在春秋时期为莱国属地，明、清时属莱州府。

民国初年，掖县沙河镇开始编制远近闻名的沙河黄、沙河白、沙河锯条。沙河黄，得名于其黄灿如金的自然色泽；沙河白得名于其洁白如银的自然色泽。沙河锯条辫掐形状如锯条，因而得名。它们与莱州花一起成为我国四大草编名品。

山西潞城草编始于明初。山西流传着“潞州的酒，女人的手”的说法，当地妇女心灵手巧，编织的草帽精致美观。用于编草帽的麦草，当麦穗呈黄绿色时就采来风干，这样能保持它的自然色泽。

民间草编的种类多样，涉及人们日常生活中吃穿住用和娱乐的各个方面。比如吃的方面有笊篱、菜筛、锅盖等；穿的方面有草帽、草鞋、蓑衣、玉米皮凉衫等；住的方面有草编地毯、草编墙纸、草编屏风等；用的方面有提篮、信插、花盆套等；娱乐方面有草编玩具、草贴画等。“野火吹不尽，春风吹又生”的野草，丰富了人们的生活。

河北大名
草编京剧脸谱
王群英作品

河北大名草编磨盘

二、编竹席，驱暑热

竹子自古以来就是中国人喜爱的植物，它与梅、兰、菊被称为“四君子”。而松、竹、梅有“岁寒三友”的美称。著名词人苏东坡用诗句表达了古代文人对竹的喜爱程度：

宁可食无肉，不可居无竹。

无肉令人瘦，无竹令人俗。

人瘦尚可肥，士俗不可医。

竹子修长挺拔、四季青翠、凌霜傲雨、萧疏高洁的形象，备受文人的称赞。竹子又象征节气，代表坚贞不屈的人格品质。

（一）丰富的竹子资源

我国竹子资源非常丰富，有500多种，将近占世界竹子种类的一半。我国竹子栽培与利用的历史也很悠久。浙江一带挖掘出土了新石器晚期的竹片编织物，

竹编筐

竹编簸箕、箩筐等

有的不但保存完好，还表现出各种花样和娴熟的竹编工艺。

竹子喜欢在气候温暖湿润的地方生长。我国南方许多地方都是竹子的产地，比如广东、福建、浙江、江西、广西、云南、贵州、安徽、湖南、湖北、重庆、四川等地。

竹子生长快，产量高，竹纹理直顺，光滑坚韧。竹子的用途广泛，和人们的生活关系密切。竹子包括观赏性竹子和使用性竹子。竹编艺人清楚哪些竹子适合编织，比如毛竹、慈竹、淡竹、水竹就是众多竹子中适合用于竹编的种类。竹编产品多种多样，包括筛、箩、筐、垫、席等。

我国竹编有的简洁大方，毫无装饰；有的则精美繁复，花纹美观。用竹篾能编插出各种花纹图案，比如福建泉州的竹编艺人在竹编上插出蝴蝶花、凤梨花、一串花、六角花、十字花、螺纹花等。

（二）湖南益阳水竹凉席

我国竹编有许多闻名各地而具有地方特色的产品。湖南洞庭湖边益阳的水竹凉席就是其中之一。益阳水竹凉席从元朝至今，已有600多年的历史。明、清时，益阳水竹凉席还称为宫廷贡品。益阳一带农村家家户户都会编织水竹凉席。

湖南益阳水竹凉席，具有“薄如纸，明如玉，平如水，柔如帛”的特点。编织一床益阳水竹凉席，要经过13道工序，包括砍竹、破灭、拉丝、编织、锁边等。其中一道独特的工序是蒸煮篾丝，经过这道工序后，柔软的凉席可以折叠起来，既不变形，也不易折断，而且还不生虫。益阳水竹凉席不但青绿油亮，光滑整齐，柔韧耐用，而且可以消暑散热，凉爽消汗。在炎热的夏天，人们躺在竹席上顿生凉意。用了几年后的席子色泽转为橘红或棕红色，发出晶莹透亮的光泽。

水竹凉席的起源传说与三国蜀主刘备有关。刘备是编织业敬奉的祖师爷之一，《三国志》中记载刘备少年丧父，与母亲以卖鞋、织席为生。传说湖南益阳的农民沈知进到竹林里砍柴，有一个耳大面红的人出现在竹林里，此人自称是刘备，因见沈知进勤劳忠厚，特地来帮他，让他把屋后的水竹破成篾，织成篾席。沈知进依言织成水竹凉席。水竹凉席自此流传下来。沈知进为了答谢刘备，还建了一座“帝主公庙”，供奉刘备的塑像。

（三）四川瓷胎竹编和自贡龚扇

四川成都瓷胎竹编是一种独特的手工艺品。瓷胎竹编起源于清代中叶，原料选用成都地区的特长无节慈竹，以景德镇的瓷器为胎。

瓷胎竹编具有“精选料、特细丝、紧贴胎、密藏头、五彩图”的特点。编织材料只使用竹材表面纤维致密的一层。慈竹剖成竹丝篾薄如绸缎，厚薄均匀，所以能依胎成形，紧扣瓷胎编织。接头处藏而不露，浑然天成。竹丝还上色，变成不同的图案。

四川自贡龚扇是清朝末年竹编艺人龚爵伍创制的，因此得名。又因龚扇薄如蝉翼，被美称为“蝉翼扇”。

龚扇的制作工艺精细复杂。原料采用四川特产的青慈竹，竹质要老嫩适中，最好是秋分、白露后砍伐的背阴竹子，用清水浸泡，截取中间的一段，劈成极细的竹丝。编织时，扇框内经线、纬线都要排上700多根竹丝。编织好扇面，还要编织边条，上木模，锁扇边。扇面图案丰富，既有山水花鸟，也有人物故事。

龚扇光滑细腻，犹如娟制，被誉为“中华第一扇”。现在庐山博物馆收藏的玉柄山水画竹丝扇，是蒋介石用过的龚扇，由龚扇第二代传人龚玉璋编制。

（四）广西毛南族花竹帽

用竹篾编的花竹帽，是广西毛南族的著名手工艺品之一。毛南语把花竹帽叫做“顶卡花”，意思是在帽底编织花纹。

花竹帽为当地妇女的雨具，用金竹和墨竹编织而成，工艺精致。花竹帽分里外两层，分别编织。秋后砍竹，把竹子破成薄如纸的篾片和细如头发的篾丝。编织前，篾片和篾丝要放入水中浸泡一昼夜，然后捞出晾干。编织时，先编表层，后编里层。表层用主篾15片，每片两端都分成24片细篾丝，一共有720根篾丝，与横栅交织，编成的竹帽不透光、不漏雨。里层的12片主篾，每片两端要分出15根篾丝，共360根，也与横栅交叉编织。编好后，竹帽里层先盖一层薄纱纸，纱纸上覆一块花布，花布上再覆深蓝布。表里两层相扣，帽边用篾丝缝合。帽子顶部还编套破开的鹅羽毛管，使其更美观耐磨。

花竹帽是幸福的象征，毛南族姑娘视之为珍贵的定情物。相传很久以前，有个毛南族小伙子擅长竹编。有一天，他编了一顶“顶卡花”，戴着它去集市。途中一位美丽的姑娘相中了他，邀他到山边对歌。他们一连唱了三天三夜，临别时，小伙子摘下头上的“顶卡花”，送给姑娘作为定情礼物。他们后来结为夫

妇。把“顶卡花”作为礼物送给心爱的姑娘的习俗也在毛南族青年中流传开来。

（五）云南傣族竹编

云南傣族村寨的竹楼，在翠竹掩映下，别有一番情致。傣家人的生活离不开竹。他们所用的床、桌、凳、柜、席、篮、篓、盒、帽，无一不是用竹子编就的。傣族竹编，尤其是傣族髹漆竹编，具有鲜明的地域民族特色。

傣族人用竹篾编成一种挂在腰间的竹篓，傣语叫芭箩。精致的芭箩既是生活用具，又是妇女的装饰品。像毛南族的“顶卡花”一样，芭箩是傣族小伙子送给心爱姑娘的爱情信物。傣族青年从小就学习竹编的技艺。遇到心爱的姑娘时，要精心编织一只芭箩送给她，姑娘回赠一个亲手织绣的筒帕。一个小伙子如果竹编技艺精湛，就像傣族姑娘擅长于织绣筒帕一样，说明他有一双勤劳灵巧的双手。

傣族人还在竹编饭桌、竹编食盒、竹篮、竹编盆等竹器上髹漆。髹漆竹编内施朱，外漆金，并压印孔雀翎纹样，有些还镶嵌五彩琉璃图案，显得富丽堂皇。佛寺祭扫的竹编器物多加以髹漆。

（六）节日中的竹编

竹编工艺在民间传统节日活动中也有用武之地。元宵节的龙灯、花灯、走马灯多用竹篾编成。我国各民族都有舞龙灯的习俗。土家族的舞龙别具特色。土家族聚居的集镇盛行舞灯笼灯，也叫舞灯龙。灯龙龙头先用竹条扎成架子，再糊上白色清明纸，涂上颜色；龙身分为九节，每节都是用细竹篾扎成的圆筒形；龙尾则用细竹篾扎成鱼尾形。龙头、龙身、龙尾

傣族竹编首饰盒

各部分都用红布条连接起来，里面点上蜡烛灯。从农历正月初三至十五，热闹的舞灯龙游街走巷。灯龙进入居民院内时，主人用鞭炮、焰火迎接。技艺高强的舞龙者在鞭炮和焰火中飞舞，灯不息，龙不停。而舞技欠佳者，则可能舞着巨龙进院，光着竹圈出院。正月十三至十五为烧龙日，燃烧完后的灯龙残骸投入水中，随水漂走，意为送龙归海，以取吉利。福建和台湾地区民间小戏“竹马戏”中的竹马也是用竹篾编的，马头、马尾的编织都极其精巧。

三、编藤甲，上战场

藤编是用藤条进行编织的传统工艺品。藤编用品色泽自然明快，轻巧大方，坚固耐用。

（一）古代藤编妙用

古代藤条不仅编成生活用具，还编成战场上的器具。三国时期就有人用藤条编成坚韧的盾牌，在战场上抵御利刀飞箭。《三国志》记载有用藤条编织的战衣“藤甲”，“渡江不沉，经水不湿，刀箭皆不能入”，在战场上发挥了重要的作用。台湾兰屿的雅美人直到20世纪初还戴藤盔作战。而西南边陲地区路遇江河，则用藤条编织成网状的便桥，使天堑变通途。

北京房山藤编背筐　蔡磊 摄

（二）广东藤编

广东藤编在明、清就已初具规模。清代屈大均《广东新语》记载：“大抵岭南藤类至多，货于天下。其织作藤器者，十家而二。”

湖南藤编灯罩

广东藤编种类很多，大致可分为藤笪、藤家具、藤织件等几类。藤笪用经防蛀处理的藤皮编成，呈镂空八角形，可用作屏风、天花板等。藤家具有桌、椅、架等，一般以粗大藤条为主体，用藤皮或藤芯编成。藤织件有篮子、餐碟、玩具等，较为精细，用粗藤或做骨架，用细藤圆芯编织。广东藤编或纯净素雅，或色彩艳丽，生动精致。

（三）云南腾冲藤编

云南腾冲藤编，据说有1 000多年的历史。藤编、藤宣、藤药素称“腾冲三佳”。藤宣是一种色感、质地和吸水性都属上乘的宣纸。在“一屁股坐得着三棵药”的腾冲，藤条资源也非常丰富。当地茂密的森林也为编织艺人提供了大量的藤条。这里的藤条不但柔韧平滑，而且类似篾片，所以也称为藤篾。腾冲藤编不仅有得天独厚的资源，而且工艺精巧，经久耐用。藤椅、藤桌、藤箱、藤筐等，都古雅精致，深受人们的喜爱。

（四）四川怀远藤编

四川怀远古镇被称为“藤编之乡”，当地藤编技艺极具地方特色。据说怀远藤编是三国时期，由一位姓马的工匠始创的。马氏工匠心灵手巧，善于手工。有一次，他在山上发现很多光滑柔韧的藤条，很适合用于编织器具。他把藤条砍回家，开始编织。但是他发现晒干后的藤条容易折断，颜色也不太好看。经过反复实验，他发明了马氏藤编技法。藤条先要在水里浸泡数日，然后再编制，成品还要进行熏蒸。依此法制成的藤编器具柔韧耐用，而且颜色金黄光亮。这种编织方法被当地人继承下来，代代相传。

广东新会葵编扇

（五）其他手编工艺

此外，手编工艺还包括柳编、麻编、棕编、葵编。一根根细长的柳条剥皮后，光滑柔软，在编织艺人手中瞬间功夫，就能变成小巧的提篮、大肚的簸箕或圆腹的柳筐。麻纤维松软，吸湿性强，通风透气，编织成网袋、地毯等物，质朴大方，经济实用。“青箬笠、绿蓑衣，斜风细雨不须归。”唐代诗人张志和诗句中的绿蓑衣就是用棕叶丝和棕绳制成的。棕编的原料是棕树叶，可以编织成鞋、扇、包、帽、垫、盒、玩具等。棕编主要集中在南方地区，棕叶柔韧，棕编制品富有弹性，坚韧耐磨，而且不易受潮，比草编制品耐用。

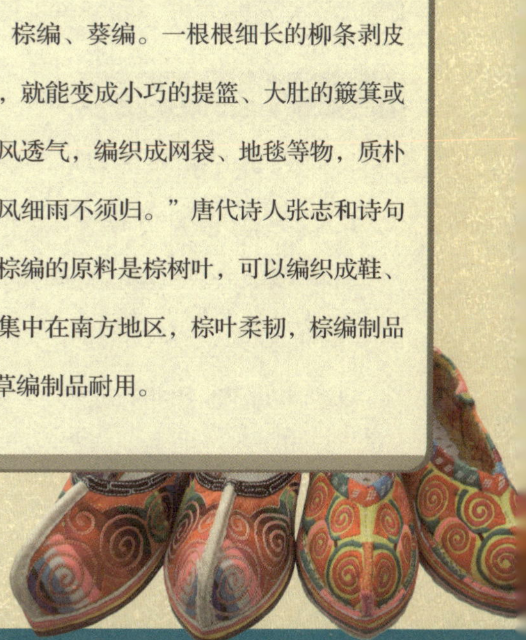

四、中国结，赠亲友

中国结是在众多手编工艺中最有中国特色的。它是中国特有的民间手工编结。中国结从头到尾只用一根丝线编成，古朴典雅，美丽奇特。

（一）中国结编织工艺

编中国结，包括缩、结、穿、绕、缠、编、抽等工艺技法。首先要选线，丝线、棉线、麻线、尼龙、混纺等都可以编结。一般编结的线都选取纹路简单的，以突出中国结本身的式样。线的颜色也要根据所装饰的物品来搭配。编织复杂结形时，可以用竹针、钩针、镊子等工具辅助编织。

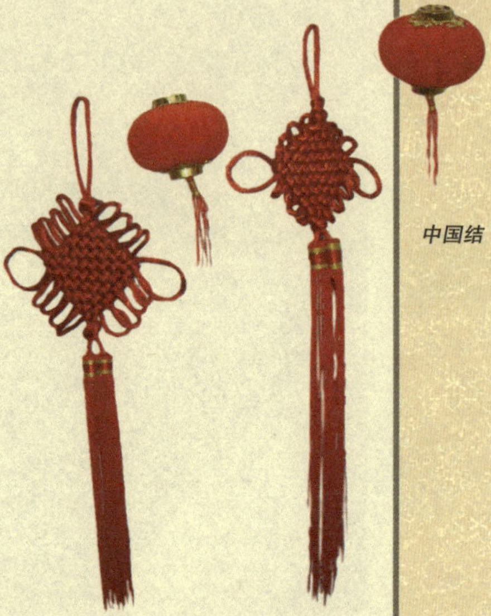

中国结

编出结形后，要将结心拉紧以防变形，隐蔽处理露出的线头。结的尾端还可以用玉石、金银、陶瓷、珐琅等做坠子。

中国结上下左右都是对称的，符合中国人对称美的审美观。一根简单的线，能编出形状各异、用途广泛、含义丰富的各种结饰。

（二）中国结的种类

不同样式的中国结，可以用于装饰各种日常生活用品，如轿子、荷包、扇子、窗帘、箫笛、发簪、烟袋等。

现在人们也把中国结编成典雅的身体装饰品，如项链、手镯、耳坠、发夹等。

中国结还与民间宗教信仰有关，“吉祥结”、“盘长结”等，被当做护身符，以求镇凶禳灾、驱邪纳吉。

（三）中国节的文化寓意

在发明文字之前，古人靠结绳来记事。古代经书中还记载有“结绳而治”、“结绳为约”，因此在远古时期，“结”是具有庄严意义的。

在汉语中，“结”的含义大多是积极正面的。“结”可以表达聚集、凝聚，如团结、结义、结拜、结盟。“结”也可表示男女婚姻，《诗经》中有：“亲结其缡，九十其仪”，描述的是女儿出嫁时，母亲为她扎结，并教导她遵守礼节时的情景。这是古代婚俗中的一部分，所以古时“结缡”成为男女成婚的代称。现代汉语中，结婚、结合、结发、结亲等，都是指男女婚姻大事。有始有终的事情也用“结”来表达，如结果、结局、结束等。

中国结
装饰的彩船

中国结是一种吉祥饰物，是表达人们情感的一种符号。“结”与“吉”谐音，有吉祥如意的寓意。这体现了中国吉祥文化中的一大特点，即利用物体的自然形态或谐音来寄托祝福和愿望。吉祥结有吉庆祥瑞之意。鱼的造型和结相结合，表示吉庆有余。

结还能表达人们对于美好爱情的寄托和对幸福婚姻的祝福。

交丝结龙凤，
镂彩结云霞，
一寸同心缕，
百年长命花。

"同心结"成为青年男女的爱情信物。夫妻之间心灵相通，白头偕老，叫做"永结同心"。古人在洞房花烛夜，男女双方各取一撮头发相结，以誓爱情永恒，从此成为"结发夫妻"。苏武有诗云："结发为夫妻，恩爱两不疑。"

"结"有时也用于抒发相爱的人缠绵悱恻的情愫。张先的《千秋岁》写到："天不老，情难绝。心似双丝网，中有千千结。"唐朝诗人孟郊《结爱》也是一篇代表作：

心心复心心，结爱务在深。
一度欲离别，千回结衣襟。
结妾独守志，结君早归意。
始知结衣裳，不知结心肠。
坐结亦行结，结尽百年月。

优美的中国结因造型不同而有不同的名称，这些名称都蕴涵着美好的祝愿。比如团圆结指团圆美满，如意结指吉祥如意，双喜结指双喜临门，桂花结指富贵无疆，平安结指平安如意。将这些寓意丰富的中国结送给亲朋好友，不仅增添了喜气，还带去了真挚的祝福。

伍

纸扎工艺

潍坊长串风筝　赵娜 摄

造纸术是中国的四大发明之一。我国的文房四宝包括笔、墨、纸、砚。纸的发明是我国文明的发展史上的一个里程碑。我国的纸扎工艺的出现和发展与纸张的普及有密切的关系。

一、放风筝，送晦气

中国是风筝的故乡，我国的风筝之都潍坊每年都举办盛大的风筝节。传统民间工艺品风筝也称为纸鸢、鹞子。

草长莺飞二月天，拂堤杨柳醉春烟。

儿童放学归来早，忙趁东风放纸鸢。

高鼎的这首《村居》诗描绘了春光明媚的时节，活泼的儿童牵线放风筝的情景。

山东人物造型风筝

（一）风筝的发明和利用

有人认为风筝的发明者是墨子，据《韩非子》记载："墨子为木鸢，三年而成，蜚一日而败。"也有传说把鲁班当做风筝的发明者，鲁班曾"削竹为鹊"，

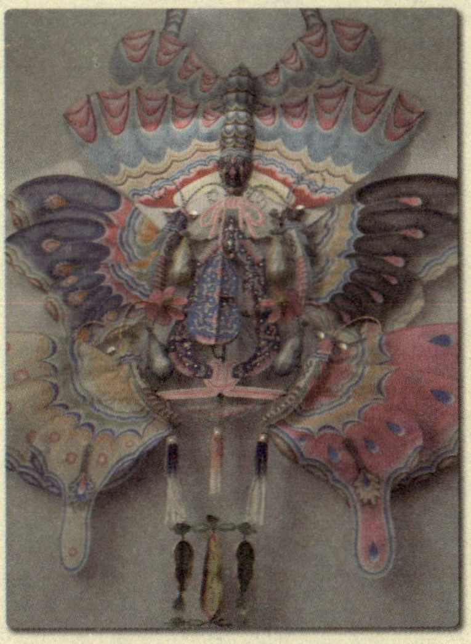

天津"风筝魏"立体风筝

制作了能飞上天的竹鸟，人们模仿竹鸟的样子制作了风筝。虽然传说的可信度有限，但是从历代风筝的名称来看，无论是纸鸢、风鸢、鹞子、风鹞、纸鹞，还是纸鸱、纸鸦，所有的名称都包含鸟禽的名称；而且风筝的形状很多也是模仿鸟类的造型，所以最早发明风筝的人有可能是受了飞鸟的启发。

风筝最早是用于军事、通信、测量、

宣传等方面，常常给人以神秘感。简文帝曾制作风筝让其高飞，敌军士兵看到了以为是一种法术，产生恐惧之心。韩信意图谋反，计划挖隧道进入宫中，放纸鸢测量宫廷的距离。到唐代晚期，有人在纸鸢上设置了琴弦，到空中遇风而发声，鸣响如筝，这时“风筝”这个名称才出现。但风筝的古老功能仍在发挥作用，至今风筝还用于科技、气象、通信、宣传等领域。

浮雕红楼梦放风筝情节

（二）风筝的制作工艺

传统风筝都以竹木为骨架，制成各种形状，然后用纸裱糊。制作风筝的材料和工具都很简单。材料有竹篾和纸张，工具有糨糊和纸剪。

要做一个好风筝需要一定的经验和技艺。比如北京有一种风筝叫“沙燕”，沙燕的头和腹部由一根长竹条对折弯曲而成，翅膀由上下两根竹条扎成，尾部由两根竹条交叉而成。骨架尺寸要按固定的比例关系做。腹部占1/2，头部和尾部各占1/4。翅膀膀条是腹部宽度的7倍，所以做骨架前要先确定膀条的长度。

天津“风筝魏”金鱼风筝

曹雪芹的《南鹞北鸢考工记》中详细记载了几十种风筝的扎、糊、绘、放工艺。书中用诗句说明风筝的扎法和画法，并绘有彩图。

（三）风筝的种类

1. 瓦片风筝和菱形风筝

风筝的种类繁多，外形千姿百态。瓦片风筝和菱形风筝是民间自制风筝中最普及的。瓦片风筝俗称“屁股帘”。台湾故宫博物院藏的明代斗彩酒杯，杯外所画儿童放风筝的图案，其风筝造型即为瓦片风筝式样。明代民间青花瓷器“婴戏碗”和“婴戏罐”上也绘有小孩放风筝的图案，风筝的造型也都是瓦片风筝。

瓦片风筝只需三根竹条，两根交叉在方纸上，另一根横在顶端弯成弓形，扎成“千”字形骨架，糊上方形的白纸，再用墨或色彩抹上几笔，下端加三根带状纸尾，穿好线便可以放飞。

菱形风筝则更为简便，仅用两根竹条，交叉成“十”字形，横向竹条弯成弓形，糊上纸，安上尾，一个简易风筝就做成了。

志愿者向外国游客介绍长串风筝

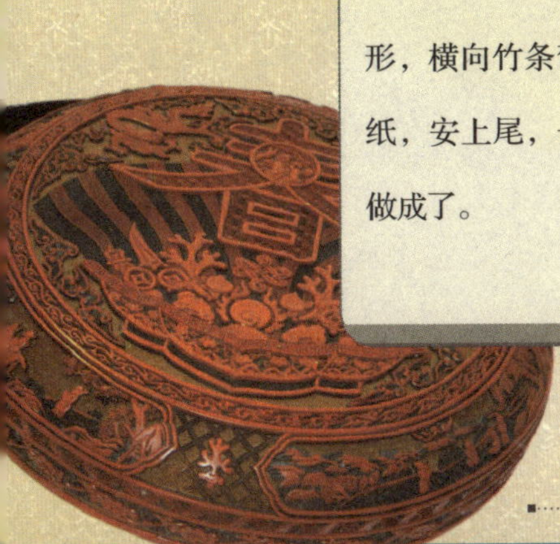

因省时、省料且制作方法简单，瓦片风筝和菱形风筝在全国各地都很常见。儿童拿着自制的简易风筝，或在胡同里，或在旷野上，尽情放飞。

在北京元大都遗址公园河堤上放风筝

2. 硬翅风筝和软翅风筝

风筝有硬翅风筝和软翅风筝之分。硬翅风筝的翅膀用两根竹条弯曲构成骨架，与躯干相联结，翅膀既不能折叠，也不能拆卸，牢固性好。

软翅风筝的翅膀只有上面一根横竹条，下沿轮廓由柔韧性好的纸张构成，可以将下半部折叠，放飞时翅膀随风抖动，生动有趣。

3. 拍子风筝

还有一种平面造型风筝，叫拍子风筝。拍子风筝是在平面骨架上糊纸，平板规整，需要较强的风力方能放飞，所以要有较长的尾巴。

4. 长串风筝

由许多节连在一起的风筝叫长串风筝，民间也叫“蜈蚣”。每一节是一个圆片，圆片用竹条弯成圆形，然后糊纸彩绘。有的长串风筝由100多个圆片连缀而成。要把这么长的风筝放飞空中，连接圆片的技术是关键，每个圆片横向平直，纵向稍向前倾斜。这样，放飞后的风筝才会呈现“塌腰翘尾”的优美造型。有的风筝各部分分别制作，放飞可组装成形，携带时便拆卸各部分，叠起收好，非常方便。

5. 风筝的发声装置和发光装置

人们在一些风筝上安装特殊装置以增强娱乐性和趣味性，这些装置主要有发声装置和发光装置。

天津"风筝魏"蝴蝶风筝

发声装置有风琴、竹笛、哨子和"背锣鼓"。五代时便有人在风筝上装置竹笛，也有人在风筝上装置风琴，这种风筝比较大，风琴的弓和弦都装在风筝上，放飞时因风吹动琴弦而发出鸣响。

"背锣鼓" 是一种更为复杂的装置。它的架子用竹条扎成，架上悬挂小铜锣和皮鼓，并装有带风轮的拨片和鼓槌。风筝放入高空后，风轮转动，带动拨片拨动鼓槌，鼓槌敲击锣鼓，锣鼓声从天而降。

有人在风筝上安装灯笼或小灯。装有发光装置的风筝适宜在夜幕降临之后放，风筝上的光亮与星光交相辉映，别有一番情趣。

（四）放风筝与民间风俗

民间谚语称"正月鹞，二月鹞。三月放个断线鹞"，人们认为三月清明将风筝剪断放飞，可以放走晦气、灾祸和疾病，保佑风调雨顺，年丰人旺。

也有的地方认为风筝断线是不祥之兆，忌讳风筝落到房屋上。如果落到别人房屋上，风筝主人还要带上香纸、酒菜向房主赔礼道歉。

北方风筝制作主要集中在北京、天津、潍坊和南通四地。出现了许多善于制风筝的能工巧匠，有的家庭因制作风筝的技艺精湛独特，代代相传，成为风筝世家。明、清时，北京就已盛行放风筝。“试立御河桥上望，纸鸢无数夕阳中。”有竹枝词描述当时的情景：

风筝放出万人看，千丈麻绳系竹竿。

天下太平新样巧，一行飞上碧云端。

北京有名的风筝制作艺人有金氏和哈氏两家。两家的风筝制作自成风格，金氏风筝以造型雄伟见长，哈氏风筝精巧工整。天津的风筝制作行家有“风筝魏”。潍坊风筝的地方特色明显，吸收了潍坊城东30里的著名年画产地杨家埠木版年画的绘画技艺，题材丰富。南通风筝以独特的音响效果著称。

江南一带的风筝制作也很发达。南宋《西湖老人繁胜录》中记载京都（杭州）有414行，其中之一便是风筝。这说明当时的风筝生产制作就已专业化了。而且宋代就形成了清明节期间放风筝的风俗，上海有谚语云：“二月二，搓麻线，三月三，放风筝。”人们把风筝送上天空，将线剪断，祈求飘走的风筝把一年的病痛和烦恼都带走。

江南的风筝形制比较一致，放风筝的风俗也很相近。风筝种类有大小风筝之分，小型风筝常见的有鹰、燕、蝴蝶、蜈蚣、金鱼等，大型风筝常见的有六角、八角、大蝴蝶、大金鱼、大蜈蚣等。

高山族也有清明放断风筝的习俗。把风筝放到最高点，便将线断掉以驱除瘟疫。也有人让小孩张开嘴看着风筝升上空中，认为这样可以祛除内热。病人康复一

山东
八仙过海风筝

周年时，也要放风筝以谢天。农家放风筝驱吓鸟类，保证作物丰收。大家一起放风筝时，会互相竞赛，也有风筝在高空中互相咬斗碰撞，大家哄抢斗落的风筝，热闹有趣。

藏族的风筝多为正方形和菱形，外形精巧美观。争强好胜的年轻人放风筝时，总爱一比高下，风筝线相缠绕拉扯，以割断对方的风筝线为胜，还用在风筝线上涂抹掺有玻璃渣子的胶水来加大线的摩擦力。老人放风筝则少了一些游戏娱乐的成分，加了一份虔诚祝祷的意味。他们在风筝和线的接头处插上一炷香，风筝一边飞，香火一边烧，到一定高度时线被烧断，风筝随风飘去，飘得越远，说明老人越健康长寿。

二、转风车，逛庙会

“咪溜咪溜转转，闺女小厮看看。”有些地方把风车叫做咪溜转或转转，童谣唱的就是转风车。风车是一种深受儿童喜爱的传统纸扎玩具。纸风车就地取材、制作简易，在全国各地都非常普及。

中国风车的起源很早，唐宋绘画作品中就经常能看见玩具风车的形象。《帝京景物略》中记述了明末的风车：“则剖秫秸二寸，错互贴方纸，其两端纸各红绿，中孔，以细竹横安秫竿上，迎风张而疾趋，则转如轮，红绿浑浑如晕，曰风车。”这种风车在秫秸上贴红绿相间的纸，通过风力使风车转动，这与现代风车的构造原理是一致的。

北京运河公园风车装饰

1. 简易风车

我国流行的风车大致可以分为三

类：简易风车、多角风车和大风车。简易风车是将两张小方纸互相错落地粘在一根竹制或木制的横杆两端，横杆中央设轴，套上手柄即可。简易风车制作简单，盛行于广大农村。

2. 多角风车

多角风车的制作也并不复杂，用一张正方形的彩纸，从四角沿对角线向中心剪开到一半即止，把剪开的各角依次弯折集中于中心，中心粘上一个小圆片，用大头针插在轴上，可以是单个的，也可以两三个一组装在柄上。彩色的风车迎风同时转动，非常好看。还有一种瓜形风车与多角风车的构造原理相类似，只不过要把彩纸叠成南瓜形状，瓜瓣层层相叠，在风中转动又别有一番趣味。

3. 大风车

大风车是一种花轮带鼓的大型风车，形制构造比较复杂。风车轮有大有小，一般的直径约20厘米，用秫秸篾片弯成，用竹签和秫秸秆做轴，以轴为中心放射状扎彩色纸条，纸条的另一端糊在圆圈上，类似车轮。最有趣的是轴的延伸部分装有互相交错的拨片，轴下并排绑着两根小鼓槌，最下面安装泥制的小鼓。风轮遇风转动时，带动拨片拨动鼓槌，敲响小鼓。小型的大风车只有两三个风轮，大的则可达三四十个轮。风轮安在秫秸扎成的框架上，可以有不同的排列形式，有“日”字形、“甲”字形、“申”字形等。大风车在北京的庙会上很常见，不过现在的大风车一般都不带小鼓。色彩纷呈的风车增添了节日的喜气和热闹。

三、提灯笼，闹元宵

农历正月十五元宵节是我国的传统节日。正月是农历中的元月，古人称夜为宵，正月十五是一年当中的第一个月圆之夜，所以称之为元宵节。道教中，正月十五是天官当令的日子，天官赐福人间。这天家家户户张灯结彩，各地都举行闹花灯活动，又称为“灯节”。

北京庙会上的灯笼
黄霏霏 摄

欧阳修著名的诗句“去年元夜时，花市灯如昼。月上柳梢头，人约黄昏后”，描述的就是元宵夜灯火辉煌的情景。

（一）元宵张灯

关于元宵张灯的习俗，有各种不同的说法。有学者认为灯节起源于原始人对于火的崇拜，原始人认为火具有驱除妖魔鬼怪的神秘力量，所以在仪式活动中具有重要的作用。

还有一种看法把元宵灯节与农事活动联系起来。在我国悠久的农耕历史上，产生许多与农业生产相关的习俗和信仰。正月十五前后，春耕即将开始，各地农民忙于备耕工作。一些地区的农民在十五晚上到地里把枯枝杂草拢在一起，放火烧掉，以除虫害。汉代农民也手执火把，绕走田间，驱赶害虫。这类似于古代农家“照蚕田”的习俗，即在田中插长竿，竿顶缚绑秸秆、竹条等，于深夜点燃，观察火的颜色占卜一年的水旱情况，如果火焰又高又亮，则为丰收之兆。

与此类似的说法是，元宵节夜晚，人们在房前屋后插上红纸糊的灯笼，以此驱除诸如蜈蚣、蛇蝎之类的毒虫。这一民间驱邪避瘟的习俗，慢慢失去其本来的意义，成为元宵娱乐活动闹花灯。

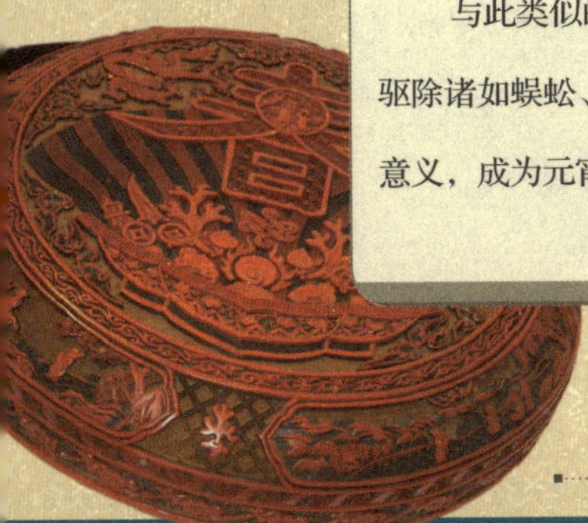

火树银花合，星桥铁锁开。

暗尘随马去，明月逐人来。

这是唐代苏道味所作题为《正月十五夜》的诗。元宵佳节，家家户户张灯结彩，各式花灯高悬街头，简直就是一场彩灯的展览会。彩灯制作是我国传统民间手工艺，包含绘画、剪纸、裱糊等技艺。民间的花灯以形状各异的纸扎灯为多。

（二）走马灯

在各种花灯中，好看又好玩的走马灯尤其引人注目。走马灯在我国已有近千年的历史，是元宵节花灯中的一大亮点。“吴台今古繁华地，偏爱元宵影灯戏。”范成大这句诗中的“影灯”就是走马灯。徐珂《清稗类钞》介绍说：“走马灯，元宵有之。以纸剪成马形，粘于纸轮之下四周，轮下有干，能活动自转，烛焰煽轮，干即自动，而纸马随之，故曰走马灯。”

简易走马灯的制作方法并不复杂，先要用圆形和方形的纸片糊成一个圆筒，在圆筒顶盖上剪出8个小窗门，窗门半开，用细铁丝做一个支架用于放蜡烛，再把画好的图案贴在圆筒上就可以了。

复杂一些的走马灯是用素纸糊的灯壳，内插一铁丝作立轴，轴上置纸轮，轴中央装两根交叉的细铁丝，铁丝的每一端粘上彩纸剪成的车马人物。走马灯利用热学原理，灯中心燃蜡烛，上升的热气形成气流，推动纸轮旋转，剪纸也随之转动，把影子投射到灯笼纸罩上。走马灯转动时，出现物换景移的影像，十分有趣。

走马灯最基本的式样是方形走马灯，正面为灯面，灯面做成戏台的样子，中

央白纸用来影映纸影，也可以将中央挖空，直接显露纸人纸马。有一种走马灯的画面可以活动，像木偶戏一样。灯面上人物的头、手、腿用纸片另做，用细丝插在灯面上，灯里面设拨片，与立轴上的铁丝相对，立轴转动时就会拨动拨头，灯面上的人物活动起来，做出摇头晃脑、举手投足的动作。还有一种六角形的走马灯，六面开光挖空，里面放置卷成纸筒形的画面，纸筒转动时，画面和布景同时移动，从六面都可以观赏。

（三）“转黄河”

元宵节民间还有赛花灯、扎灯塔、龙灯等活动，并伴以社火、社戏等。黄河流域一带有“转黄河”或“走九曲”的习俗，也是以花灯为媒介。“转了九曲阵，活到九十九”是民间流传的一句俗语。九曲阵也叫九曲黄河阵，是一种规模宏大的连环灯阵。九曲黄河灯的整体阵形为正方形，由360多盏灯组成，每边分为19个点，每点有一盏灯，阵内的灯横竖交叉为九曲回廊。灯阵坐西朝东，正东中间为入口和出口，出入口搭成牌楼状，中间和两旁各挂一盏灯，称为门灯。转九曲也称为转灯，人们认为转了九曲，就能驱邪禳灾，平安健康，五谷丰登，生活如意。有的地方转灯前要祭庙、鸣炮；转完灯后开始偷灯，意为偷福。也有人偷灯是为了求子，认为偷绿灯生女儿，偷红灯生儿子。

（四）送灯习俗

元宵佳节，团圆之日，人们都盼望子嗣兴旺，家族兴盛。“灯”与“丁”谐

音，添灯的寓意是添丁，人们认为闹灯、提灯是人丁兴旺的好预兆。元宵时，人们给新婚妇女送花灯，祝愿她早生贵子。接受花灯的新妇如果当年就怀孕生子，就要制作更多的花灯酬谢亲友。

陕西有些地方的父母在女儿怀孕时送灯笼，祈愿母子平安，生产顺利。陕西宝鸡凤翔县的扎灯笼的、卖灯笼的人很多，这里有舅舅给外甥送灯笼的习俗。现在流传的歇后语“外甥打灯笼——照舅（旧）”，即源于这一习俗。广东有些地方的人如果生了男孩，就要在元宵夜庆灯。台湾的妇女在元宵节游走于灯下，祈求来年得子。台湾北部的桃竹地区，有男人从正月十一起到家庙挂灯的习俗，称为“起灯”，是新生男丁入族的仪式，因为“起灯”和“起丁”谐音。

江苏南京
秦淮昆虫灯

（五）七月十五荷花灯

“荷叶灯，荷叶灯，今儿个点了明儿个扔”，这是农历七月十五的点灯习俗。农历七月十五是道教中的“中元”日，佛教寺庙举行盂兰盆会，民间也称之为鬼节，进行祭祖上坟、放河灯、超度鬼魂等活动。

佛教以莲花为法物，盂兰盆会一般点莲花灯，传至民间则成为儿童的玩具。

莲花灯的花瓣用纸扎成，一张纸就是一个花瓣，用水打潮后折叠挤压成形，用退晕法染成粉红色，晾干后叠扎成莲朵。

北京的什刹海地区庵庙多，宗教氛围浓厚，宗教活动也比较多。七月十五盂兰盆会，寺庙里要举行盛大的宗教活动，民间的善男信女念经吃斋，孩子们举行

江苏南京秦淮莲花灯

"斗灯会"。这天夜晚有烧法船超度孤魂野鬼的习俗，烧完法船放河灯。

老北京人在书中描写过去放河灯的盛况："各寺庙鼓铙诵经之声与缭绕香烟沉沉昧旦，法船烧毕，河灯施放。那河灯是以圆木板为托，用彩纸糊作莲花，鱼蚌螺鳌及鸭鹅雁等花虫水鸟形象，中间点燃蜡烛，纷纷滑入荷花淀中，隐入芦苇丛中，闪闪烁烁，如星如萤，如火如荼。花灯之繁，灯花之盛，水火相激，竟能萎花焦叶。"节日里最热闹的就是孩子们。他们手里提着小莲花灯以及其他各式各样的河灯，从一条胡同走到另一条胡同，口里还唱着歌谣。

（六）拾天灯

壮族、瑶族有拾天灯的传统活动。广东连山壮族瑶族自治县一带，人们以竹青为架，外糊一层纸，底部放上小油灯，制成形如水桶的天灯。油灯点燃后，天灯内的气温升高，气温达到一定高度时，天灯缓缓升上空中，随风游荡。各个村寨的人竞相观看，欢呼雀跃。油灯熄灭时，天灯降落下来。各村寨派出的选手争相拾捡。因为天灯象征着吉祥与长寿，所以拾天灯的竞争也特别激烈。获胜者除获得奖品外，其本人及其代表的村寨都会受到各个村寨的祝贺。

四、折纸扇，驱暑热

扇子是炎热夏季的必备生活用品。一扇在手，就能驱除酷热，带来凉爽。曾几何时，手执一把折扇也成了文人逸士的经典形象。折扇上或题诗句，或绘画泼墨，清新雅致。一扇在手，尽显儒雅风流。

（一）折扇的来源

折扇，又称为折叠扇、摺叠扇，亦名聚骨扇、聚头扇、聚扇、撒扇。关于折扇的源起，有多种不同的说法。

有人认为折扇是中国本土所产，该说又有两种意见。一种说法认为南北朝时期就已经有折扇。其理由是《南齐书·刘祥传》记载：“司徒褚渊入朝，以腰扇障日。”另一种说法是到唐代中国才有折扇。方以智在《物理小识》论及折叠扇时称：“唐人已有矣。”明代何宇度在《益部谈资》中也说：川扇“唐时此地已尝制之”。

另一种说法认为折扇最早并不是中国发明的，它是一种舶来品。而流传的说法又有传自高丽和传自日本的分歧。宋朝的赵彦卫在《云麓漫钞》中记载说：“宋人用摺叠扇，以蒸竹为骨，夹以绫罗，贵家或象牙为骨，饰以金银，盖出于高丽。”郭若虚《图画见闻志》也记载：“彼（高丽国）使人每至中国，或用摺叠扇为私觌物”，“私觌物”就是见面礼。这些记载成为宣称折扇来自高丽的佐证。也有人认为折扇是日本人发明的，古代称为倭扇，由日本遣唐使作为进贡礼品带到中国。

（二）折扇的制作材料

明代时，每逢夏季，宫廷贵族会赐予侍臣折扇，折扇成为宫中活动时侍臣携带的物品之一。渐渐地，折扇已不再单为取凉，而是成为社交礼仪的必需品，是展示身份地位的一种标志。后来宫廷女子也受其影响，经常手拿折扇，作为装饰品。

折扇

宫廷成员和官吏之间形成了用折扇攀比炫耀的习尚，折扇选用的材料，越选越精，极奇穷巧。扇骨最早用的是竹木，后来有用象牙、玳瑁、檀香、沉香等材质的。制作工艺上也越来越精致，有用漆雕的、漆上洒金的、退光洋漆的；还有镂空边骨，内藏极细小32张牙牌的；有镂空通身，填满异香的；更有空圆钉铰中，藏着极小的骰子的。这些折扇骨，都刻有各种花样图案，备极奇巧。还有的扇骨模仿燕尾形状，有些扇骨钉铰藏在里面，外面一点儿痕迹也看不出来。

折扇面按材质分纸扇面和绢扇面。纸扇面除素纸扇面外，又有色纸扇面，如常见的黑纸扇面、瓷青纸扇面、泥金扇面。色扇面中，以金面最讲究，也最复杂，最受人欢迎，有泥金、屑金、洒金、冷金、半冷等。清代绢扇面较多，近代则多纸扇面。

（三）折扇的结构和制作工艺

折扇主要结构分扇骨、扇面两部分。现在，普通的折扇，一般用竹木做扇骨，韧纸做扇面。讲究一点的则在扇面上题诗作画。更高级的折扇则在扇骨上雕刻各种纹饰。

扇骨又称为骨子或扇股、股子。扇子合拢后，最外侧的大扇骨称扇柄或扇边，里面的扇骨称为扇芯，也称做“篾”。扇芯连扇边总根数，通称为多少“方”。如22方、32方等。

制扇分工较细，普通扇骨需经过破料、劈削、造型、蒸煮、烤晒、打磨、油漆、装配等程序，扇面则需纸张开料、糊面、折面、通面、沿边等工序，组成为扇，需经几十道工序。一般较好的折扇还配有扇坠。明文震亨《长物志》谈到扇坠的用料，“扇坠宜用伽南、沉香为之，或汉玉小块及琥珀眼掠皆可。香串、缅茄之属，断不可用。”

（四）折扇的名称

根据制作材料和方法的不同，折扇的命名也不一样。扇骨多而轻细的，叫春扇或者秋扇。以香料涂沫扇面的，叫香扇。可以藏在靴子中，以备行旅途中使用的，叫靴扇。更有一种以各色漏地纱为扇面，可以隔扇窥人的，叫瞧郎扇。还有一种左右可以打开，制成三层扇面，叫三面扇。

此外，根据制作式样各别，产地和制作人不同，而叫做黄扇、曹扇、潘扇、川扇、青阳扇等。折扇之中，向来以川扇、苏扇为佳。川扇与苏扇，川扇以实用性为主，多为竹扇；而苏扇则以艺术性为主，多为折扇。

（五）折扇习俗与文化

人们常在折扇上题词作画、写诗打谜。小小一方折扇，承载了厚重的文化底蕴。扇文化包括扇画、扇诗、扇书、扇联、扇谜等。

扇画是文人墨客在扇面上所作的画。北京故宫博物院里珍藏有300多把元、明、清的书画扇。扇诗是文人在扇上写下的咏扇诗和题扇诗。扇书即扇面书法，书法家很早就在扇面上留下墨宝，《晋书》记载书圣王羲之曾为一老媪题扇，老媪每字售价百钱。扇联为扇面上题的对联，有些与扇子的功能相契合，如“清风生掌握，爽气满襟怀”、“举起随时消酷暑，动来无处不清风”等，妙趣横生。

“有风不动无风动，不动无风动有风，

等待梧桐落叶时，主人送我入冷宫。”

“有朵花不常开，半截纸，半截柴，

三冬它在柜中放，盛夏无风手中栽。”

以上两个谜语即为扇谜。此外，扇子也可以成为舞蹈、戏剧中的道具。戏剧中运用扇扇子的动作来表现人物的情感和性格：

武者扇胸前，文者扇掌心，

商贾扇肚腹，走卒扇头顶，

媒婆扇肩，轿夫扇裆。

在我国江南的一些农村，端午期间亲朋好友互赠扇子作为礼物。亲友相互赠扇由来已久。比如《金瓶梅》第三十六回，写安进士拜会西门大官人，就送了“书帕二事、四袋芽茶、四柄杭扇。”《桃花扇》中也有描写“赠扇”、“寄扇”的情节。

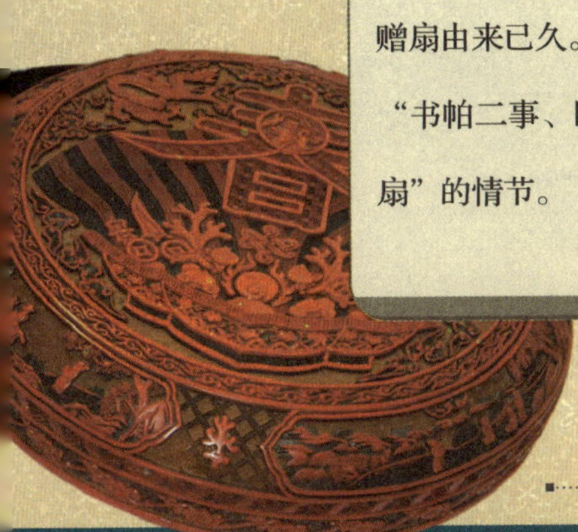

潍坊老鹰风筝　赵娜 摄

陆 精雕细刻

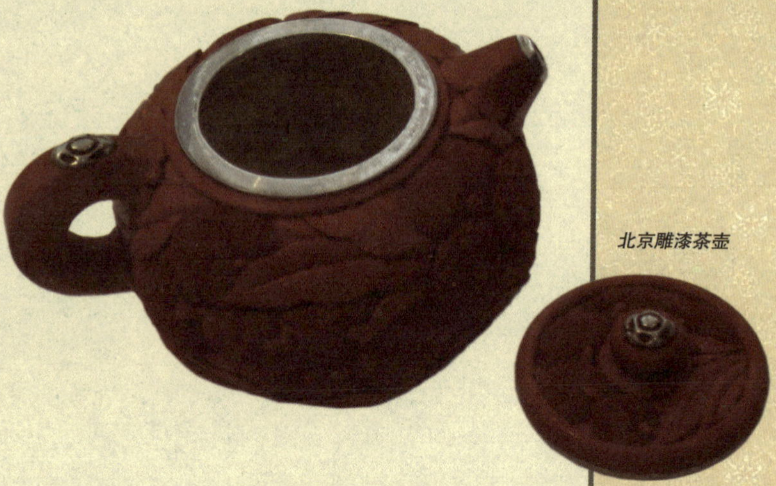

北京雕漆茶壶

雕刻工艺从原始社会一直流传至今，具有悠久的历史。我国的雕刻工艺形成了鲜明的地域特色和民族特色，雕刻艺人具备精湛成熟的雕刻技艺。他们的作品展现了我国的雕刻艺术魅力和民族文化魅力。雕刻工艺的种类根据材料的不同可分为玉雕、石雕、砖雕、木雕、根雕、竹雕、牙雕、骨雕、角雕、贝雕、果核雕、煤精雕、葫芦雕、椰壳雕等。雕刻手法有圆雕、半圆雕、浮雕、镂雕、透雕等。

一、雕块美玉挂身上

中国是世界上的主要产玉国。玉在人们的心目中自古以来就是高洁的象征。人们常说“宁为玉碎，不为瓦全”。古人认为玉有五德：“润泽以温，仁之方也；理自外可以知中，义之方也；其声舒扬专以远闻，智之方也；不挠不折，勇之方也；锐廉而不技，洁之方也。”

（一）古代玉雕

玉雕在我国已有几千年的悠久历史，其技艺水平随着时代的变迁而不断发展。河南郑州出土了新石器时期仰韶文化的绿松石鱼形饰物。这一时期的玉雕形态简单，以玉斧、玉刀、玉铲等生产工具为主。

到了商、周和春秋、战国时期，玉雕工艺有了很大的发展，玉器造型更为优美，玉器主要为祭祀用品和随身配饰。汉代的金缕玉衣表现了古代玉雕水平的高超水平。

宋代和元代是玉雕工艺达到飞跃性发展的时期，出现了浅磨深琢和浮雕圆刻的雕刻手法，宫廷专门设有“玉院”。忽必烈在开国大典时宴请群臣，其盛酒用的“渎山大玉海”是用整块和田玉雕成的，费时5年，雕工精美。

明、清是玉雕的鼎盛时期。明代有北京和苏州两个玉雕中心，尤以苏州玉雕为精巧。清代宫廷设玉器造办处，督办玉料。玉器不但在宫廷中大量使用，在民间也广为流传。

玉雕首饰

（二）玉雕材料和工艺

“玉不琢，不成器”，在现代机器生产出现之前，玉都要靠工匠的双手进行雕琢，玉雕工艺通过师承关系代代相传。即使有了现代生产，玉雕手艺也还被人们看重，手工雕琢的玉器比机器生产的玉器更精致细腻，售价也要昂贵很多。有的工匠艺人用半年、一年，甚至更长时间才能完成一件玉雕作品。玉器行业也形成了很多习俗行规。

玉石的颜色不仅是评价玉石质量的重要标准，也是划分玉石种类的重要依据。玉实际上是优质的石，玉的种类有白玉、黄玉、碧玉、翡翠、玛瑙、绿松石、芙蓉石等。

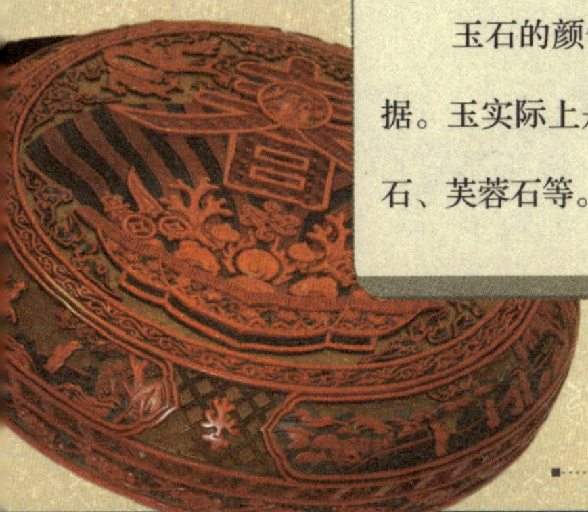

新疆的和田玉声名远扬，和田玉产自昆仑山脉，所以又叫昆仑玉。和田玉雕作品丰富，北京故宫乐寿堂的玉件“大禹治水”就是用和田玉雕成的，重达5 350千克，是我国最大的玉雕作品。和田玉有白玉、青玉、黄玉、红玉、墨玉等品种。白玉又称为羊脂玉，是这些品种中最珍贵的。

还有一种珍贵的玉石叫佘太翠，质地坚硬，细腻温润，有白色玉、青色玉、翠色玉和青白色、墨绿色等过渡颜色的玉料。

玉雕艺人的雕刻工艺可以使玉石身价倍增。玉雕艺人根据玉料的形态和纹理色彩，先构思出玉器的造型，再进行仔细雕刻，以达到最好的造型设计效果和最大限度地利用玉料。玉雕的工序分为选料、剥皮、设计、粗雕、细雕、修整、抛光等。

（三）玉雕四大流派

根据雕刻工艺的风格，可以将我国玉雕粗略分为南方玉雕和北方玉雕。南方玉雕所用玉石多来自新疆、辽宁、广东等地，雕刻手法有阴线刻、深浅浮雕、立体圆雕、镂空雕，艺人还创造性地将多种技法融于一体，所雕玉器灵秀精致、儒雅细腻。

北方玉雕所在地是玉雕产地。河南的南阳是有名的玉石产地和加工地，南阳产独山玉，玉的色彩丰富，有红、白、绿、黄、青、褐等品种。玉石资源促进了南阳玉雕的发展，当地不乏技艺精湛的玉雕艺人，代代相传，形成具有地方色彩的玉石文化。南洋独山玉优质玉料多加工成精巧的小挂件或手镯等饰品，其他玉料则加工成大摆件。

具体说来，我国玉雕又可分为北派、扬派、海派、南派四大流派。

黄龙玉佛
屈永仙 摄

北派玉雕是京津、辽宁一带玉

雕匠人形成的雕刻风格，以庄重大方、厚重沉稳为特点。扬派玉雕以扬州地区的中心，玉雕风格讲究章法，古雅秀丽。海派玉雕是上海地区玉雕所表现的工艺风格，兼容并蓄，细腻严谨。南派玉雕指广东、福建一带的玉雕，受竹木雕刻工艺和东南亚文化的影响，玉雕器具具有玲珑剔透的特点。

二、雕个石狮放炕上

石雕以各种石料为原料进行雕刻加工，这一技艺的历史非常悠久，我国保存了大量的石雕作品。

（一）石雕种类和材质

在旧石器晚期，北京山顶洞人就掌握了研磨石料的技术，把琢磨过的石器穿孔做成装饰品。新石器时期，出现了外形工整的石磨盘和磨棒，我国还出土了石杵、石臼、研磨盘和石椁等，都是新石器时期实用性的器具。这一时期的石质装饰

福建寿山石
石雕印章

品也比旧石器时期要优美得多。

因石料坚固耐用，资源丰富，因此我国各地均有不可胜数的石雕作品。石雕在人们的生活中具有极其广泛的用途，比如石塔、石桥、石坊、石亭、石墓等；作为建筑构件的门框、栏杆、抱鼓石、台阶、柱础、柱子等；作为建筑物附属体的石碑、石狮、华表、石像生等；作为建筑物中陈设的石香炉、石桌、石椅、茶几、画框等。

石雕艺术一直延续至今，各地的石雕也在长期的发展中形成了鲜明的地域风格和特色。云南点苍山盛产大理石，大理石的花纹犹如国画中的山水，大理石雕刻用于装饰家具别具一格。湖南、湖北产磨晶石，雕成的器物漆黑光亮。河北曲阳和北京房山等地多为汉白玉石雕，宫廷中的华表、栏杆、石狮等，都是用汉白玉雕刻而成。浙江青田石雕、福州寿山石雕、湖南浏阳菊花石雕则属彩石雕刻。

（二）各地石雕艺术

1. 浙江青田石雕

浙江省青田、浙江省温岭、福建省惠安、河北省曲阳被称为我国四大石雕之乡。浙江青田石雕被称为“青田冻”。青田石雕写实和写意手法兼具，富于层次感，或大气豪放，或细腻精巧，形成独特的风格流派。

青田曾出土了一只宋代的陶罐，罐内有一石雕小猴和一石章，小猴双膝曲缩，双手捂嘴，生动可爱。《青田县志》记载有《方山采石歌》盛赞石匠艺人的精湛技艺：“方山石，石何奇，巧匠断山手出之。大者仙佛多威仪，小者杯杓几案施；精者篆刻蟠蛟螭，顽者虎豹熊罴狮。”

石雕艺人对石料精雕细刻，一块普通的青田石变成石雕作品，中间要经过选料、设计、锯坯、打粗坯、放洞、镂空、刻细坯、精雕、火煨、磨光、配垫、上蜡等十几道工序。

浙江温岭有民谣云：“黄岩蜜橘雁荡松，太平石工天台钟。”温岭也在宋、元时期就有了石雕工艺。

2. 福建惠安石雕

福建惠安以青石雕刻闻名。福建惠安石雕分为圆雕、浮雕、沉雕、影雕等几大类。

圆雕是对石料的每个面都进行加工的立体雕塑，惠安石雕匠人雕刻的石狮，口中含有转动自如的石珠，精巧有趣。

浮雕指在石料表面雕刻有立体感的图像，主要用于大型纪念性建筑物、高档宅第和寺庙的装饰。

沉雕主要用于建筑墙面的装饰及碑塔、牌坊、摩崖石刻、匾额、宅居楹联等，线的造型劲挺有力，柔顺畅达。代表作有南京雨花台纪念馆的大型石雕《日月同辉》。

影雕是用大小不同的钢钻在青石上凿出大小、深浅和疏密不同的钻点，匠人用影雕的技法来表现山水、花鸟、人物等形象。

3. 河北曲阳石雕

上到九十九，下至刚会走，
小锤叮当响，庭院出厂房，
要说打雕刻，人人有一手。

这是流传于河北曲阳的一首民谣，形象地描述了当地石雕工艺的普及程度：曲阳的石雕在西汉时期就已初具规模，在古代是我国北方汉白玉雕刻中心。曲阳石雕艺人的作品遍及云冈石窟、敦煌石窟、五台山佛像、故宫、圆明园、颐和园，以及人民大会堂、人民英雄纪念碑、毛主席纪念堂等建筑。

4. 福建福州寿山石雕

寿山石产于福建福州北郊的寿山，因而得名。寿山石色泽丰富，坚而不

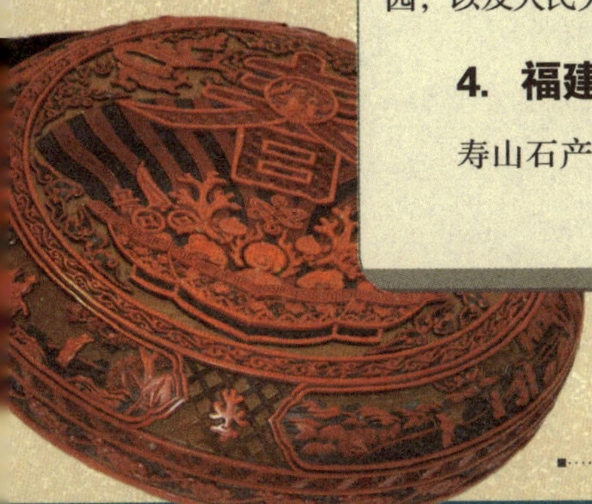

硬。黄色寿山石叫黄田石，是名贵的印章材料，被称为“印石之王”，有“易金三倍”之说。寿山石雕刻的印章多以动物形象为印章钮，印章侧面还浅浮雕山水、花卉、鱼虫等。除印章外，寿山石还雕成文具、烟盒等实用工艺品和摆件等观赏工艺品。

福建寿山石雕
如日中天

5. 陕西炕头石雕

陕西民间石雕拙朴可爱，常见的有炕头石狮、镇庄兽、拴马石。

炕头石狮，顾名思义，是放在炕上的，其作用是用来栓娃娃，以防娃娃滚落到炕下。石狮的雕刻口诀之一是“十斤狮子九斤头，一对眼睛一张口”，狮子造型夸张拙朴，突出头部、眼睛和嘴巴，对其他部位的刻画则没那么精细。

镇庄兽被称为“瑞兽”，形象包括狮、虎、牛、猴、狗、鸡等。人们用镇庄兽镇宅、驱邪、禳灾，祈求平安吉祥。

拴马石既是实用的拴马石柱，也可装饰房屋，祛邪迎祥。

三、雕块花砖贴墙上

砖雕属于建筑雕塑，在青砖上雕出山水花鸟等各种图案，主要用于装饰佛塔、墓室、房屋、宫殿。

砖雕

（一）从墓室砖雕到建筑装饰砖雕

我国出土的砖雕多见于墓室中，古人盛行把画像砖作为墓室的装饰。汉代的画像砖就是墓室中的大型空心砖；北宋的砖雕用于装饰墓室壁面，砖雕的数量、质量和题材能反映出墓室主人的社会地位。

明代，砖雕由墓室砖雕发展为建筑装饰砖雕，用于装饰宅院的厅堂、大门、照壁、祠堂、戏台、山墙等。民间砖雕也在这一时期发展起来。砖雕的题材一般表现吉祥喜庆的寓意，如龙凤呈祥、和合二仙、三阳开泰、梅兰竹菊、狮子绣球等。

（二）砖雕技艺

砖雕的雕刻技法有阴刻浅浮雕、深浮雕、圆雕、镂雕等。砖雕的工具中有一种叫木敲手，是用来敲击刻刀的。在雕刻时，工匠艺人要格外注意把握木敲手的用劲大小，行话称为“用软硬劲”，因为砖质松脆，稍不注意，砖面就会崩裂。

制作砖雕先要修砖，就是将砖的表面磨平磨光；然后将样稿贴在砖上，叫做

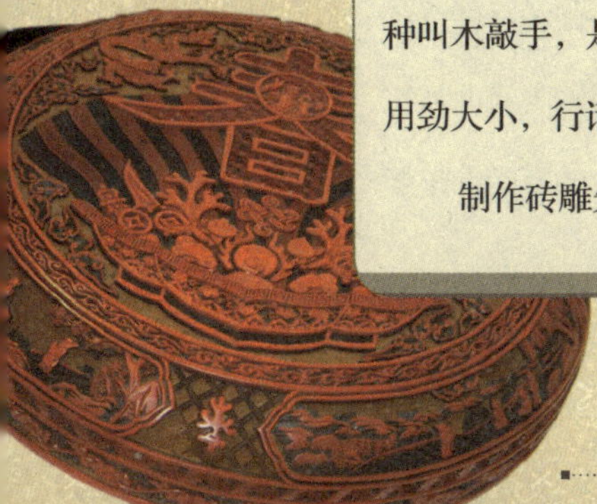

“贴样”；然后描样，即按样稿描刻出造样的大体轮廓；在此基础上刻铲出主要层次；在这之后进行精雕细刻，行话叫“做细”；做细后要用细石将各部分的表面磨光，叫“磨头”；还要用猪血调的灰浆修补砖层中的沙眼；最后将多块砖雕镶拼成完整的造型图案。

民间砖雕大多形象简练，风格浑厚，不盲目追求精巧纤细，从实用的角度出发，以保持建筑构件的坚固，能经受日晒雨淋。

（三）砖雕的地域性特征

1. 安徽砖雕

安徽徽州砖雕久负盛名，徽州砖雕的产地以安徽歙县为中心。徽商在家乡修建豪门大宅促进徽州砖雕的兴起和发展。旧式民居的门楼、走廊、八字墙、墙头窗、飞檐、柱基上常有精美的砖雕做装饰。徽州砖雕以细腻的水磨青砖为原料，主体多采用圆雕，背景多采用浮雕，中间则用透雕，层次丰富，造图精美。安徽省博物馆藏有“郭子仪上寿”、“百子图”等砖雕精品。

2. 苏州砖雕

苏州的砖雕特点鲜明。明代苏州御窑烧制的方砖质地坚硬，有如金属，被称为“金砖”。清代用这种砖为原料进行雕刻具有江南水乡特色的砖雕，在坚硬的砖面上雕出清雅秀丽的图案，别具一格。

3. 天津砖雕

天津砖雕最初是建筑行业兼工的细活。清朝时天津成为重要的商埠，商业发达，富商云集，兴建豪宅大院，砖雕的需求大增，开始朝专业化方向发展。天津砖雕的技法以“贴砖法”著称。“贴砖法”的始创者是清道光年间的马顺清和马少清父子，他们把事先雕好的小型砖雕成品粘贴到砖面上，在雕刻本身的层次基础上，又增加了一个大层次，装饰效果更强。老艺人刘凤鸣创作的藏于天津艺术博物馆的“花篮烟筒”，就是用几十块青砖雕刻镶拼而成，状若花篮，刀功娴熟，为砖雕的精品。

4. 北京砖雕

京城多豪宅大户，砖雕在建筑上应用广泛，图案则以花卉为主。

四、雕张木床娶新娘

木雕和根雕是传统雕塑工艺的重要门类，是以各种木材和树根为材料进行雕刻的工艺。木雕在人们的日常生活中很常见，木制门柱、屋檐、窗棂、茶几、桌案、床柜、托盘、盆架、盒子、文房用品等，都雕刻各种图案装饰。雕刻手法有浮雕、阴刻、透刻、圆雕等。

北京雕漆果盘

（一）朱金木雕

朱金木雕是在木雕上贴金漆朱的木雕工艺。朱金木雕又称为“京班体”，因其人物题材多取自京剧人物。传统中国画讲究按“丈山、尺树、寸马、分人”的比例来表现远近层次，但朱金木雕的构图格局却不囿于这种传统观念，把远景、中景和近景都处理在统一平面上，画面充实却不繁乱。但对于程式化的民间表现手法，如“武士无颈、美女无肩、老爷凸肚、武士挺胸”等，朱金木雕艺人大胆采用，使木雕作品更富表现力，生动活泼。

朱金木雕讲究“三分雕，七分漆”，主要依靠贴金箔和漆朱红达到装饰效果。雕刻艺人对于雕刻并不是很精细，但对于修磨、刮填、上彩、贴金、描花却十分讲究，使木雕作品金辉相映，富丽堂皇。唐代高僧鉴真带领弟子在日本建的招提寺，用了很多朱金木雕装饰。

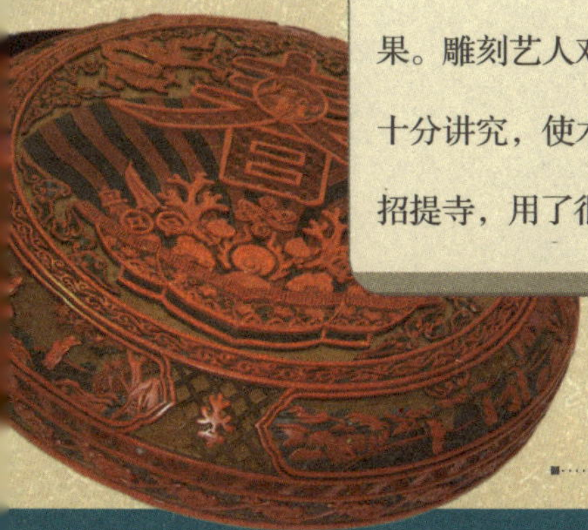

浙江宁波的朱金木雕远近闻名。朱金木雕普遍应用于人们的日常生活中，如日用陈设、家具装饰、佛像雕刻等。宁波人有句俗话叫做：“一世做人，半世在床”，对于木床的雕刻装饰极尽技艺所能，有“千工床”之称。有些奢华富丽的“千工床”，床内四周有雕刻绘画，床外楼阁贴金朱漆，而且梳妆台、马桶箱、点心盒等生活用具一应俱全。

广东潮州
木雕宣炉罩

（二）黄杨木雕

黄杨木雕，取材黄杨木，因而得名。主要产于浙江、福建、上海等地。黄杨木生长缓慢，有“千年难长黄杨木”之说。黄杨木生长了四五十年才能用于雕刻，但也只适宜于雕刻玲珑精巧的小型木雕。黄杨木的优点在于纹理细密、质地坚韧、色彩光亮。

浙江乐清县叶家的黄杨木雕技艺代代相传，据说其先人叶承荣是把黄杨木用于雕刻的第一人。黄杨木雕最早用于民间元宵的龙灯会装饰，人们用黄杨木雕成许多小巧的戏曲人物，放在木制龙灯上的亭台楼阁内。黄杨木雕的内容题材大多取自民间神话传说中的人物，如寿星、八仙、关公、弥勒佛、观音等。

（三）浙江东阳木雕

浙江东阳被称为木雕之乡，清代中叶曾有400多名东阳木雕艺人被选入京

城，为皇宫雕刻装饰。东阳木雕的题材多为神话戏曲人物、花鸟鱼虫、山水风光等。其作品工艺性很强，层次丰富，画面复杂，构图和设计使用穿插、叠加、镂空等手法，多而不乱。雕刻后往往不施彩绘，以素面示人，涂上清漆，呈现原有的木质效果。

（四）福建龙眼木雕

闽南一带多龙眼树，老的龙眼树的树干和树根上会生成天然的疤节，形状与龙眼相似。艺人就树材的原来形态进行雕刻加工，造型或古朴夸张，或天然逼真，或细腻优美。龙眼木雕的题材有花鸟鱼虫、吉祥瑞兽、仕女佛像、金刚力士等。

福建木雕弥勒佛　张丽琴 摄

五、雕个笔筒摆桌上

竹雕是在竹制器物上雕刻文字或图案，或用竹根雕成各种装饰品，也称为竹刻。我国竹刻艺术历史悠久，早在造纸术发明之前，古人的书卷是用竹简做成的，“册”字的象形便是用线穿着的竹片。湖南长沙马王堆出土了西汉时期的彩漆竹勺，勺柄上雕有龙纹。

日本正仓院藏有我国唐代的尺八，这是一种竖吹的管乐器，因管长一尺八而得名，其管上遍刻花鸟人物等图案，刻工精致。宋、元时期，竹刻艺术长足发展，明、清时期达到巅峰，现存的竹雕制品多为明、清时期的。

明、清以前的竹雕一般是日常生活用品和祭祀用具。明、清时期的竹雕则同

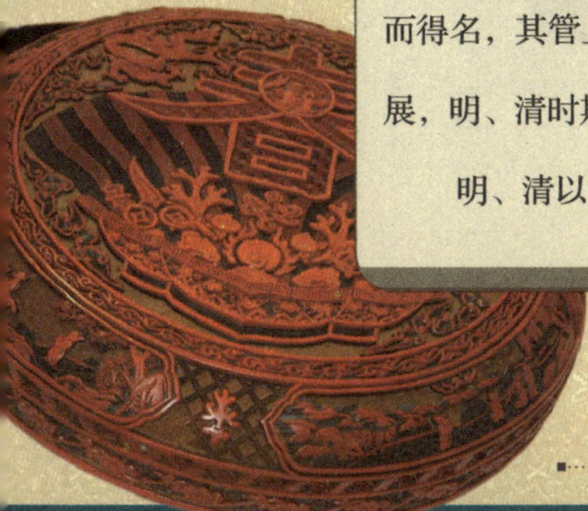

时兼顾实用性和艺术性，而且因为文人士大夫的参与，竹雕的文化含量大大增加，称为雅致的工艺品。

明代的竹雕古朴浑厚，线条刚劲有力；构图饱满，图案布满器身。品种多为笔筒、香筒。嘉定是当时的著名竹刻产地，竹雕艺人能在方寸之间刻山水、人物、楼阁、鸟兽，浅雕、浮雕、圆雕等技法并用，刀法精巧，技艺纯熟。

清代竹雕的表现手法更为灵活，浅刻、浅浮雕、深刻、圆雕、留青等技法或单独使用，或同时并用，竹雕制品精致秀雅。清造办处始创“贴黄”竹刻工艺，以黄杨木为胎，用竹的内皮雕成各种纹饰，贴于黄杨木上。造办处还创制了仿照古铜器的形状和纹饰的仿青铜器竹雕。竹雕品种也更为多样，除笔筒、香筒外，还有花瓶、臂搁、扇骨、摆件等。

竹雕笔筒
原源 摄

四川江安
竹雕有竹可居
钟国富作品

竹雕笔筒

六、雕顶椰帽扣头上

各种材料都能被雕刻艺人加以利用，雕成生活用品和工艺品，除了上面提到的，还有牙雕、骨雕、角雕、贝雕、椰雕等。

（一）牙雕

牙雕是对象牙进行加工雕刻的工艺。象牙被称为“有机宝石”，其质地坚实，牙纹细密，色泽柔润。牙雕是一项古老的传统工艺。战国墓中出土了象牙梳子，历代帝王都把象牙作为珍贵的贡品，明代的果园厂和清代的造办处都有为皇宫做象牙制品的作坊。

到了清代，牙雕的发展从实用器具转变为装饰品，工艺更为精巧，制品更为纤小，文人气息更为浓郁。象牙雕刻逐渐成为文人士大夫以及官宦富贾的案头把玩。而少量生产的筷子、扇子、灯具、冠架、鞋拔、鼻烟壶等实用品也只有贵族才用得起。

广州、苏州、北京是清代重要的牙雕产地。广州的象牙来自东南亚等地，有充足的原料供应。广州牙雕注重雕工、漂白和色彩装饰，风格上精致工整，玲珑纤巧。象牙雕刻与紫檀、犀角、玳瑁、翠羽等其他材料巧妙镶嵌于一器之上，大大增强了图案的立体感和层次感。苏州牙雕受文人画的影响较大，典雅秀美，追求意境的表现。北京牙雕具有宫廷气派，雍容高雅。

（二）骨雕

骨雕是对牛骨、骆驼骨和乌贼鱼骨等动物骨骼进行磨制雕刻的工艺和工艺品。古人利用骨头做成针、刀等使用工具，并在骨头上雕刻文字和图案。北京山

顶洞遗址内发现了旧石器时代的钻孔骨坠；山东大汶口遗址出土了镂雕的骨筒、骨梳等；商代时期有专业的骨雕工场，生产梳、匕、花板等，在产品上雕刻龙凤、云雷、饕餮等图案。现在我国骨雕的主要生产地北方有北京、内蒙古等，南方有浙江、广东等。北京的骨雕以牛骨为原料，雕刻作品有手镯、裁纸刀、粉盒等。内蒙古骨雕中心在包头，主要以骆驼骨为原料。浙江骨雕的原料是牛骨，常雕成山水楼阁等浮雕镶嵌于家具上。广东佛山的骨雕原料为乌贼鱼骨，主要采用镂雕的技法，洁白的骨雕作品玲珑有致，具有很强的观赏性。

骨雕一般取牛和骆驼的大腿骨，雕刻前要剔除两头骨质疏松的关节部位，然后用高温除脂，再用化学方法抽脂漂白，以防骨雕作品变色发霉。雕刻题材有山水、人物、动物等。

（三）角雕

角雕是用牛角、羊角、鹿角等动物角进行雕刻的工艺和雕刻作品。古人在新石器时期就用兽角雕成耳坠、梳子、匕首等装饰品和使用器具。

在各种角雕中，犀牛角雕刻成的器物是古代角雕的著名品种。犀牛角质地坚硬细密，色彩纹理丰富，有纯黑色的、纯黄色的、黑色带黄色纹理的、黄色带黑色纹理的，有状如小米的粟纹，还有类似山水游龙的纹理，可依据各种色彩图案雕刻成各种精美的器物。据传犀牛角有辟邪解毒的功能，犀牛角和毒药接触后毒药会产生白沫。历代帝王用犀牛角雕的杯盏等器皿检验食物是否有毒。

现在最常见的角雕器物是用牛角雕成的，有杯、盒、梳、刀壳、刀把、扇坠、发簪等。内蒙古包头、黑龙江哈尔滨、广西北海、广东高州、湖南南岳等都是角雕产地。

（四）贝雕

贝雕是对贝壳进行雕琢加工的技艺及其工艺品。贝壳的天然色泽和纹理非常漂亮，经过加工后又有巧夺天工的效果。山顶洞人把贝壳串成项链做装饰。商、周时期，贝壳被打磨钻孔当做货币，称为贝币。民间贝壳做成的项链、手链、服装装饰等非常常见。

贝壳品种丰富，形态各异，色彩繁多，一个贝壳还可以磨出多层色彩，在雕刻中的可塑性非常强。贝雕艺人因材施艺，依势取形，巧用原色，贝壳的螺丝旋纹，几刀就切成仕女的高髻；江贝的层层纹理，稍加修饰就成了飘逸的衣裙；有紫色内层的贝壳雕成葡萄；红色的海螺制成枫叶；有斑痕的贝壳也不用丢弃，可以锯成带疤痕的树干。

贝雕产地主要在沿海的辽宁、山东、江苏、广西和广东等地。贝壳可以雕成人物、山水、花鸟、静物等。贝雕品种有生活用品和实用工艺品，如项链、发卡、文具、酒具、烟具、台灯、首饰盒等，也有观赏性的挂屏、座屏、贝雕画等。贝雕或古朴典雅，或晶莹华美，为人们的生活增添了情趣。

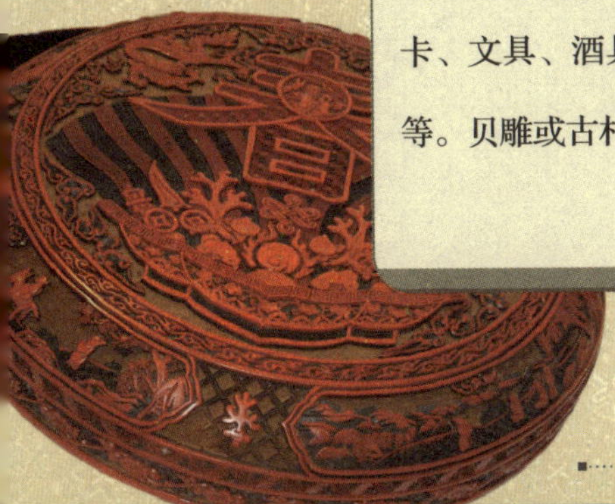

（五）椰雕

“酒满椰杯消毒雾”，这是唐代诗人陆龟蒙的诗句。椰杯就是用椰壳雕制成的酒杯。椰雕是以椰壳为原料进行雕刻加工的技艺和工艺品，为我国海南特有的民间工艺。《粤东笔记》记载在唐中期海南人就将椰壳锯成瓢、勺、碗、杯等用具。以前的官吏常把椰雕进贡给朝廷，因此有“天南贡品”之称。

椰雕制作的工序有选料、造模、雕刻、通花、嵌镶、刨光、修饰等。雕刻手法灵活，有沉雕、浮雕、通雕、棕雕、拼贴、油彩等。椰雕常用其他原料结合镶嵌拼贴，如镶银、镶锡、贝雕镶嵌、檀木嵌镶、陶瓷拼贴等。

椰壳能雕成饭碗、茶具、酒具、果盘、首饰盒、花瓶、台灯等，既美观又实用。苏东坡有“自漉疏中邀醉客，更将空壳付冠师”的诗句，后一句指的是他拿椰壳请当地人雕成帽冠。

海南椰雕储钱罐

柒
传统玩具

抖空竹的全套工具

玩具在民间社会俗称“要货”或“要活”，也就是供人玩要的物件。中国民间传统玩具千姿百态，给儿童带来无穷的乐趣。除了儿童玩具，也有供成人消遣的玩具。

中国民间玩具的历史可以追溯到原始社会时期西安半坡村仰韶文化遗址的儿童葬墓中，发现随葬的石球和 陶球，这被认为是儿童生前的玩具。考古学家还在新疆吐鲁番发现了唐代的泥制玩具泥人。玩具在历史长河中不断发展壮大，在民间代代相传，陪伴每一个人度过珍贵难忘的童年生活。

民间玩具种类繁多，按功能分类，有观赏玩具，如泥人、面塑、蜡人；有节令玩具，如端午节的香包、布老虎，中秋节的兔儿爷等；有音响玩具，如陶哨、泥哨、空竹；有健身玩具，如铁环、毽子、投壶；有实用玩具，如虎枕、虎头帽、糖人；有益智玩具，如七巧板、益智图、九连环、孔明锁。按制作材料分，则可分为泥制玩具、木制玩具、草编玩具、纸玩具、布玩具、食品玩具、金属玩具等。

一、家家户户捏娃娃

泥玩具是用泥捏的玩具，泥塑在我国有悠久的历史。女娲造人的神话中，人类就是女娲用黄土照自己的形象捏成的，女娲还用泥土捏造的世界万物。民间认为泥塑的创始人是战国时期的大将孙膑，他曾捏泥人摆成交战图阵，大破庞涓的五雷阵，捏泥人的技艺由此传开，孙膑也被尊为泥塑的祖师爷。

贵州牙州陶制玩具

（一）泥玩具种类

泥玩具的种类很多，《桐桥倚棹录》中记载了40多种泥玩具，包括泥神、泥佛、泥仙、泥鬼、泥花、泥树、泥果、泥禽、泥兽、泥虫、纺织女、倒沙孩、坐车孩、牧羊童、摸鱼翁、猫捉老鼠、痴官、撮戏法、凤阳婆、化缘和尚、三星、琵琶罨子、葫芦酒仙、钟馗、再来花甲、聚宝盆、象生百果，以及麒麟、虎、狮等各种动物。这些是人们喜闻乐见的传统泥玩具题材。

广东大吴泥塑

（二）泥塑村和泥塑家族

过去有整个村、整个乡都从事泥塑玩具行业的，并且因此而闻名。山西临猗县泥玩具之乡文家营民谣唱得形象：“文家营，一百家，家家户户捏娃娃，只有一户不会捏，挑着担子卖娃娃。”胶东高密县聂家庄也有“聂家庄，朝南门，家家户户捏泥人”的歌谣。

还有的泥塑在家族内代代相传，形成鲜明的风格特色，如天津有著名的泥塑泥人张。泥人张泥塑清新素雅，第一代传人张明山技艺高超，有把手放入衣袖里捏人像的绝技。他捏的泥人肖像生动逼真，清代张焘《津门杂记》对此有所描述：张明山“只

宁夏杨氏家族泥塑娃娃

需与人对面座谈，抟土于手，不动声色，瞬息而成。面孔径寸，不仅形神毕肖，且栩栩如生，须眉欲动，观者莫不叹觉”。泥人张祖传的塑造人像秘诀是“三不”，即衣不能伤体，衣不能肿脸，衣纹不能变成鱼刺。

北京面人蝈蝈玉米 郎志丽作品

（三）中秋兔儿爷

兔儿爷是北京著名的传统节令玩具，最早的兔儿爷大约诞生于明代，于每年中秋前大量上市。兔儿爷为泥质彩塑，兔首人身，多为将帅形象，头顶盔甲，身披战袍，背插令旗，威武雄壮，还有骑虎的、骑鹿的、骑马的、骑麒麟的、带莲花座的、带云气花卉座的。中秋时，男孩儿摆的是兔儿爷，女孩儿则供“兔奶奶”，兔奶奶身穿花袍，涂口红，抹胭脂，扫眉打鬓，很惹人喜爱。兔儿爷在北京泥塑中具有突出地位。

在山东济南，人们管兔儿爷叫兔子王。这一带过去中秋还有互赠兔子王的习俗，而且还流传着一个感人的传说：

济南的泉水闻名全国，但是过去济南180个泉眼流出的水又臭又脏，孩子们

兔儿爷

饮用后容易害病生疮，月奶奶心狠，有药不给人治病。济南成长有个叫任汉的少年，在八月十五月奶奶庆寿时混入广寒宫。他盗得了药饼，但没法逃离，善良的玉兔就剥下自己的皮披在任汉身上，任汉伪装成玉兔逃回人间。他把药饼塞进72泉眼儿，人们喝了泉水，病就都好了。玉兔剥下皮后死在广寒宫外。人们为了纪念勇敢的任汉和好心肠的玉兔，中秋供月时都要摆兔子王。

兔儿爷这一中秋节令玩具诞生，与兔与月的文化关联不无关系。民间流传“嫦娥奔月”的神话故事，都说月宫里有月桂树、吴刚、嫦娥和捣药的玉兔。兔子还是月亮的代称，唐朝人卢照邻的《江中望月诗》中写到：“沈钩摇兔影，浮桂动丹芬。”诗句中的“兔影”指的就是月亮。古诗中还用“兔魄”、“兔轮”来称月亮。民间有“男不祭月、女不祭灶”之说，旧俗男子不拜月，祭月是妇女的职责。儿童由女性照管，儿童对祭月活动耳濡目染，拜月之风逐渐形成。兔儿爷成为供儿童祭月的“月神”象征物。

（四）各地泥玩具

1. 河北白沟泥玩具

河北白沟的泥玩具声名远扬。该镇在历史上就是重要的玩具产区，有许多专业生产玩具的村庄，有的村庄做泥人，有的村庄则以出产泥公鸡闻名。赶集日还有专门出售民间玩具的“泥娃娃市”。白沟镇的泥玩具还远销北京，成为北京庙会上的重要商品，至今仍有很多老北京人熟悉白沟的泥玩具。

白沟泥人简洁大方，色彩鲜艳，题材喜庆，如“吉庆有余”、“招财进宝”、“麒麟送子”等。白沟泥人塑像中有一种称为“刀马人”的，是专供室内陈设的大型泥人，有近60厘米高，左右相向，塑像造型吸收了木版年画中门神的特点，手持兵器，坐骑骏马。“刀马人”陈设在堂屋迎门桌案上或中堂字画的两侧，民间传说“刀马人”可以辟邪祛祟，保家镇宅。

2. 陕西凤翔泥塑

泥塑小女孩

凤翔是陕西省西部的一个古县，凤翔县的泥塑很有特色，塑像讲究“英雄无项，表现威武；佳人无肩，变现修柳；动物眉要皱，人见了又喜又怕”。最有代表性的是挂虎和泥牛。挂虎虎头以石榴、荷花等吉祥图案装饰，过去常用于镇宅驱邪。

凤翔的彩塑已有600多年的历史，传说元末明初，朱元璋的部下李文忠率兵攻克了凤翔城，他仅带领很少的士兵入城休息，大部队驻扎城外。士兵中有一江西籍老兵，闲暇时用泥捏玩具和鬼脸消遣。元军突然来袭，士兵们戴上老兵做的鬼脸，站在城墙上，元军以为明军有神助，不战而退。后来，有的士兵在当地定居，以制作彩塑为业，他们驻扎的村庄被叫做六营。

一年之际在于春。春天是一年的开始，是播种的时节，要为一整年的生计做打算。春天对于靠天吃饭的农民来说尤其重要，民间有“立春晴一日，农夫耕田不用力”的说法。如果立春和春节同一天，就是“双春”并至，预兆今年是难得的好年景。我国是传统的农业国家，从上层统治者到普通老百姓，都很重视农业生

陕西凤翔彩塑春牛

陕西凤翔
彩塑牛面

产。牛在传统的农业生产中起着极为重要的作用。立春前后有打春、鞭春牛的习俗，以求整年的风调雨顺、农业丰收。鞭春牛的习俗由来已久，在宋代时就已经是由官府主持的隆重活动了。立春或立春前一日，县官率领百姓到东郊，将腹内装五谷的纸制春牛鞭破，人们纷抢流出的五谷，以此象征吉庆丰收。当时还有捏小春牛互相赠送的习俗。

现在陕西凤翔保留了泥塑的春牛，有的泥牛肚子里还装有种子，摇动时可发出声响。凤翔的彩塑春牛色彩鲜艳，装饰有桃花、牡丹、莲花或象征多福、多寿、多子的佛手、桃、石榴。泥牛虎虎有生气，既是可爱的玩具，也是受人们喜爱的吉祥物。

3. 河南张捏的不倒翁

山东惠民县与河南交界，河南李村生产的泥塑玩具在惠民县皂户李乡的火把李村销售。这里流传一个关于河南张的传说：乾隆年间，宰相刘墉送给皇上一件河南张做的不倒翁作为祝寿礼物，皇上见了龙颜大怒，一把抓起来想要摔掉，突然发现不倒翁后面写着“大清江山”四个字，这不是预示大清江山不倒吗？皇上立即转怒为喜，而且下令推广河南张不倒翁。不倒翁也成了祝贺长者长寿的礼物。有皇上做宣传，河南张做的不倒翁名传千里，以至人们把村名都改称为“娃娃张”。

河南张的泥塑玩具除了不倒翁外，还有各种动物造型、戏曲人物等，都生动传神，活泼可爱，广受欢迎。

4. 河南浚县的咕咕鸡儿

庙会是民间的宗教性集会，庙会的内容包括祭祀礼神、游艺娱乐、贸易往来等。庙会吸引八方香客，是售卖“耍货”的好地方。河南浚县的大伾山每年农历正月十五和七月十五都举办庙会。热闹的庙会上卖各种杂货的都有，最畅销的要数泥塑玩具咕咕鸡儿。

咕咕鸡儿又叫泥咕咕，可以做求子的吉祥物。妇女们赶完庙会，坐船回家时，河岸上便有孩子唱“给个咕咕鸡儿，生子又生孙儿……”她们便把预先在庙会上卖的咕咕鸡儿撒上岸去。孩子们纷纷上前争抢。咕咕鸡儿能吹出咕唧咕唧的悦耳声音，船上的妇女们在哨声中祈愿很快能抱上大胖娃娃。

5. 河南淮阳的泥泥狗

河南淮阳被认为是伏羲氏和神农氏的故乡，城北有太昊陵和人祖庙，从农历二月二开始，淮阳举行持续一个月的人祖庙会。庙会上到处都是出售泥塑泥泥狗（或叫陵狗）的摊位，售卖泥娃娃、泥猴、泥马、泥狗等，人们把泥泥狗当做辟邪、祈福、求子的吉祥物。当地传说泥泥狗的创制者是明朝皇帝朱元璋，他当年起义时，兵败荥阳，逃到淮阳避难，曾捏泥人维持生计，也就是最早的泥泥狗。

6. 江苏惠山的大阿福

江苏无锡惠山的泥塑久负盛名，称为惠山泥人。其捏塑要诀是“文的胸、武的肚、老人脊、美人腰”，造像特点为“搭搭满、细细减、色色爆”，泥塑的造型要饱满健壮，形象要有层次感，色彩要浓艳传神。

惠山的泥塑很多具有吉祥寓意，比如大阿福、老寿星、送子观音等，最有特色的要数憨态可掬的阿福。阿福是驱邪迎福的吉祥娃娃。唐朝以胖为美，阿福以唐朝的标准来看，就是民间的大美女；阿福造像胖墩墩，笑盈盈，憨厚可爱，生就一副福相。

捏塑阿福应“放头缩手去颈根”，夸张放大头部，身体部分删繁就简。早期

泥塑阿福

大阿福的造型，都是圆脸大耳，坐姿端正，面容慈悲，头上戴牡丹花，胸前挂长命锁，怀抱大青狮，脚蹬朝靴，分别代表宝贵、长寿、避邪和少年登科等吉祥含意。

惠山一带流传着各种关于阿福的故事传说。其中有一则叫“阿福降狮”的故事。以前，惠山上出现一种凶狠残暴的妖狮，专吃小孩，噬杀了无数的儿童，百姓深受其害。后来，天上下来两个神仙，叫做沙孩儿。他们力大无比，英勇强健，而且法术高明。沙孩儿降服了妖狮，为民除害，惠山地区又恢复了往日的安宁。人们很感激勇斗恶兽的沙孩儿，用惠山的黏土塑造他们的形象，供养于家中。因为他们带来了幸福，所以取名叫阿福。这个故事表达了人们对阿福的喜爱，阿福成为幸福和安宁的象征。

二、布艺玩具保平安

（一）布老虎

布老虎是一种节令玩具。端午期间，民间流行给儿童做布老虎，并用雄黄在孩子额头上画虎脸、写“王”字，希望儿童健康成长，像老虎一样勇敢强壮。

老虎是百兽之王，威风勇猛。古人认为老虎可以吃鬼魅，具有镇宅护财的能力。“镇宅神虎多清静，当朝一品封兽王，不立深山合松林，持守金银聚宝盆”，“老虎下山遍地游，百兽群中力称侯，不妨良民老百姓，单吃恶霸手足头”，这一类诗句表达了人们对老虎的喜爱。人们也常给小孩起“虎娃”、“虎妞”、“虎虎” 等小名。民间木版年画、民间剪纸、民间刺绣、民间雕塑等民间工艺都把老虎作为重要的题材。

布老虎的种类和形式多种多样，比如单头虎、双头虎、四头虎、子母虎、虎头鱼尾、虎头蛇尾、独角兽、枕头虎、套虎等。布老虎一般用棉布或丝绸缝制，内部装填锯末或谷糠，表面用彩绘、刺绣、剪贴、挖补等方法表现虎的五官和花纹。

布老虎制作艺人用大头、大眼、大嘴、小身来突出布老虎勇猛威严的神态；而比例夸大的虎头和五官又显示出布老虎的天真憨厚。布老虎的制作者一般是农村妇女，尤其是老年妇女，兼具威猛和乖巧特征的布老虎凝聚着她们的美好期望与祝福。祖母或外祖母把布老虎送给孙子、孙女，慈爱的长辈既希望孩子们像老虎那样勇敢壮实，又希望老虎能够成为孩子的朋

内蒙古布老虎

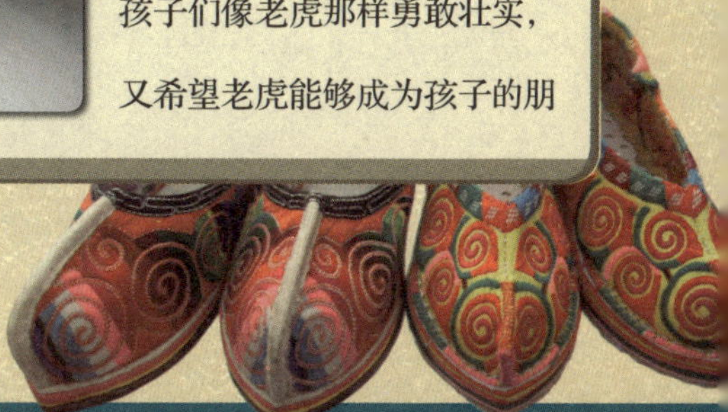

友，保护孩子的安全。作者的创作动机决定了布老虎的形、神及性格特征，使每只布老虎都凝聚着大人对孩子的期望与祝福，因此布老虎才那么动人，那么惹人喜爱。

在山西、陕西、甘肃一带，新娘新婚时的陪嫁品中要有虎枕、虎头鞋、虎头帽、老虎围嘴和布虎玩具。新娘下轿时，男方给新娘的脖子上挂一对布老虎。这是因为老虎还是生育的保护神，陪嫁品中带虎，就是希望新娘日后能生育虎头虎脑的“虎儿”。小孩出生后，满月时脖子上要带虎头护身符；端午过节挂艾叶虎；稍大以后，就要戴虎头帽、穿虎头鞋、围虎头围嘴，系虎面肚兜。睡觉时垫的虎枕是小孩的床上玩具，供孩子睡前玩耍。

山西布老虎

（二）端午香包

香包俗称荷包，古时称为香囊、香袋、容臭、佩伟等。我国先秦时期就出现了香包，是已婚妇女身上的装饰物。以前香包内层装有雄黄、苍术等草药，人们佩戴在胸前或悬挂在室内，具有驱毒虫、散浊气的功用。现在的香包主要起装饰作用，不再放草药，多为空心或实心，造型多样。

香包以棉布、丝绸、麻布等为面料，通过裁剪、刺绣、粘贴、缠绕、捆扎、填装等多道工序制成。其外形可分为方形、菱形、圆形、三角形、柱形、八角形

袖珍玩具
虎头鞋

以及动植物形状。香包内多装填艾草、冰片、香樟、檀香、苍术等芳香型药材。

香包可佩戴在儿童的胸前，臂侧或悬挂在床头。香包上的图案多蕴涵吉祥意义，如牡丹象征富贵，桂圆象征团圆，喜鹊象征喜事盈门，百合、柿子、灵芝则组成百事如意的图案。

农历五月初五是我国传统节日端午节，各地都有包粽子、饮雄黄酒、挂菖蒲艾草、挂长命缕、剪葫芦符的风俗。俗话说“枇杷黄，医生忙”，五月初五在夏至日前后，五月为夏初，气温开始升高，蚊虫滋生，瘟病流行。五月被称为恶月，毒气魔障容易上身，所以民间注重驱邪禳灾。小孩是最脆弱的群体之一，需要特别的保护。人们采艾叶、香草制成艾虎香包，让小孩佩戴在身上。

五月，五毒（蝎子、蜈蚣、毒蛇、蜘蛛、蟾蜍）也开始活跃，给人间带来祸害，所以人们喜欢在香包上绣上五毒图。除了香包，人们给小孩穿戴五毒肚兜和五毒鞋。按旧俗，过了端午节就应把佩戴过的香包扔掉，以弃除瘟病；见到别人扔的香包，万不可捡拾，否则将招致不幸。

陕北有一种叫替身娃娃的香包，端午节时，人们把替身娃娃戴在孩子身上，保佑孩子无病无灾，健康成长。香包不但可以供儿童欣赏和把玩，还寄托了人们的美好愿望和对生活的热爱。

三、好看好玩又好吃

（一）面制玩具

1. 面花

山西面馍

面花是用面捏造的花样馒头，又称为花馍、礼馍等。面花是特殊的节令食品，也是民间用于祭祀的供品。面花可看、可玩、可吃，所以受到广大儿童的喜爱。

不同时节做的面花形态也不一样。在山西，春节期间捏的面花有石榴、莲花、菊花等各种形状，或捏成牛、羊、猪、兔、鸡等动物形象，面花里还镶嵌上红枣、绿豆、黑豆等。既好看又好吃的面花是馈赠亲友的佳品。

清明节的面花捏成小孩人头的形状，里面包油、盐、小米和芝麻调成的馅儿，黑豆为眼，红豆为嘴，点染上色，当成祭祀的供品。人们还用面做成燕子形

山西大面花

山西阳城
焙面娃娃

状的“寒燕儿”，插在枣树上盼春。七月十五捏的是小巧玲珑的面人儿，穿成串挂在墙上。

面花给人们的节日生活增添了情趣，也给孩子们带来了无限乐趣。

2. 面人

面人是面塑玩具，用面粉、糯米粉掺入石蜡、蜂蜜、染料等，蒸熟后捏成花鸟、人物、动物等各种形象。在宋代时面人称为“果食”，孟元老的《东京梦华录》谓之“以油面糖蜜造如笑靥儿”。捏面人的艺人或走街串巷，或摆摊设点，现捏现卖。

传说三国时期的诸葛孔明是面人的发明者。孔明征伐南蛮时，横渡芦江，忽然狂风大作，三军危在旦夕。孔明急中生智，用面团捏成人头和牲畜的模样，投入江中祭拜江神。风浪很快就平息下来，将士安然渡江，平定了南蛮。因此，捏面人的奉诸葛孔明为祖师爷。

“喝了下湾的水，人人都会捏个蛤蟆腿。”河南沈丘有个村庄叫下湾村，村中几乎家家会捏面人。传说清嘉庆时期，村子里有个艺人叫顾二别子，他的真名其实叫顾维臣。他做的馍馍甜香美味，而且久放不霉不裂。当地的医生进京为皇帝治病时，带去顾家的馍馍献给皇上，皇上大加称赞，顾二别子之所以被称为艺人，是因为他家除了做馍外，还用面捏各种玩具。顾家的面制品不霉不裂、不招虫蛀，这是因为他的制作加工秘诀。面玩具捏好后上笼屉蒸至半熟，放凉后再蒸，放凉变硬后再上用酒调过的食品色。

北京过去把面人称为江米人，旧时京东各县的农民艺人农闲时背着箱柜走街串巷，叫卖捏江米人。民国通县有汤氏三兄弟善捏面人，人称面人汤，老二

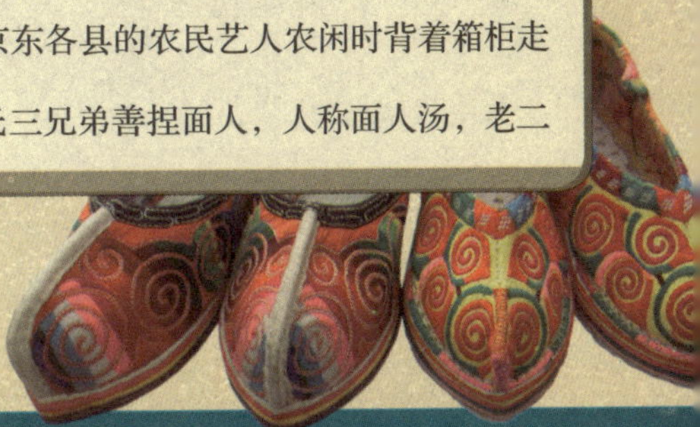

汤子博的技艺尤其精湛，是北京艺术面塑的代表人物。他自幼喜爱捏塑和绘画，吸收民间捏塑艺术和传统书画艺术的精华，并且擅长陶艺、诗文和佛学。他在面塑方面很有创新性，把签举式面塑改为托板式面塑，而且创造了核桃面塑、面人塑像、浮雕面塑、蛋壳面塑等表现形式，纳入戏曲人物和佛道人物的造像。他曾为黎元洪创造群仙祝寿图，代表作有天王、达摩、二十四仙朝王母等。

吉林面塑

面人汤解放前在北京什刹海一带捏面人。他捏的面人细。半个核桃那么大的面团，他能捏出个十八罗汉站大盆，在这个盆里头捏放十八个罗汉，拿个放大镜看，十八罗汉的鼻子、眼睛都分别得出来。他给十年国庆献礼捏了一个护法佛，佛像手上有武器，戴着头盔，穿着甲胄，蹬黑靴子，系粉带，最特别的是佛像的头盔能揭下来，里面捏了个发髻。

（二）捏糖人

糖人用蔗糖和饴糖做成，是集观赏、食品和玩具为一体的传统儿童玩具。一团麦芽糖加热变软后，取一小撮，拉成条状，连吹带捏，就变成了小猪、小猴、

四川成都糖画

北京吹糖人艺人
原源 摄

大象等各种可爱的糖人。糖人最常见的形象是十二生肖。吹糖人的走街串巷，走村游乡，也在庙会上设点摆摊。

糖人以儿童为顾客对象，走街串巷的小贩一般都有吆喝，但是吹糖人的不吆喝，他们用打锣鼓来吸引儿童。据说原来吹糖人的货声叫香印，因为以前的糖人是用模子印出来的，并且有糖香。但是到宋代就没有这个货声了。宋太祖叫赵匡胤，那时香与“匡”发音相近，香与印连在一起听起来跟匡胤的发音差不多，这就犯了直呼皇帝名字的忌讳，所以吹糖人的小贩改用打锣鼓招揽顾客。

四、竹木玩具比高下

（一）木制玩具

过去儿童常把木条削成刀、箭等玩具，扮演好人和坏人，煞有介事地打斗起来。木制玩具在民间很常见，拨浪鼓、花枪、棒棒人、小燕车、陀螺等，都深受儿童的喜爱。

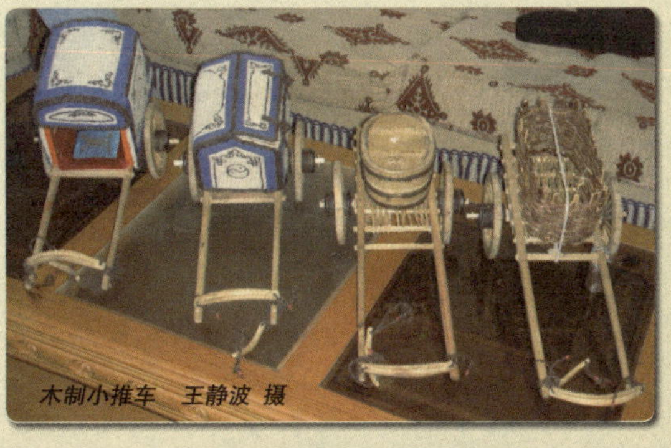

木制小推车　王静波 摄

1. 棒棒人

山东临沂有个村庄叫樊埝村，据说山东的木制玩具就起源于这个村子。那还是元末明初的时候，樊氏的祖先樊大从大营城逃荒来到此地，在沂河东岸落脚，拜邻村的徐木匠为师傅，学习木工。樊大聪明好学，很快便成了一名技艺精湛的木匠。他发明了脚蹬的简易镟车。他后来专做木制玩具，远近闻名。随着樊姓宗族的扩大，后来几乎整个村子都做木玩具。这些木制玩具中棒棒人最有意思。据

木制玩具　赵娜 摄

说棒棒人是江湖术士驱鬼神、祛灾祸的“耳报神”，后来演变成儿童玩具。燕车也很受孩子们的欢迎。

山东郯城也生产棒棒人。郯城棒棒人的形象，都是圆柱体的身躯，无手无脚，滑稽有趣。 棒棒人的制作先旋出身躯，再安装俑人头。不做四肢是为了便于幼儿手握，而且还能活动幼儿的五指关节，这也使棒棒人坚固耐玩不易损坏。棒棒人的头部中空，能左右旋转自如，有的还装入粗沙粒，摇动时沙沙作响，生动好玩。棒棒人一般都成对出现，一高一低，一胖一瘦，一男一女，男孩戴小帽，女孩束两个小鬏鬏。棒棒人高低胖瘦悬殊，造型简练夸张，幽默诙谐。

2. 陀螺

“嬉戏自三五，乐莫乐兮鞭陀螺”，这是《北京风俗杂咏》中描写抽陀螺的诗句。陀螺是用木头削成的圆柱形玩具，下端为一倒圆锥体，用一杆小鞭子的鞭梢缠住陀螺腰身，用力一拉，陀螺就旋转起来，再用鞭子不断抽打，陀螺便能不停地旋转。抽打时，活动量较大，对儿童的臂、腰、腿等都起到锻炼作用。

专门制作陀螺的民间艺人用“旋床”旋制成形，并绘画各式纹样或染上红、绿、黄、紫等颜色，各种木料都可以用来制作陀螺，材料易得，制作工艺简单，

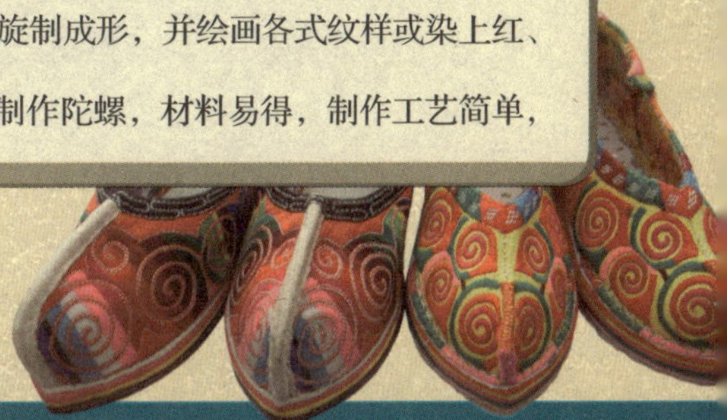

售价便宜，所以陀螺在我国城乡广泛流行。

陀螺的基本造型大致相同，大的陀螺直径可达15厘米，重达两三斤，需几个人用牛皮鞭轮流抽打才能保持旋转。小一些的陀螺俗称“捻捻转”，即用拇指和食指一捻就能转起来的陀螺，这种简易陀螺用一张硬纸中间插一根火柴棍就做成了。

民间玩具市场上常见的陀螺有长身和短身两种。长身陀螺一般高3～6厘米，着鞭面积大，抽打时比较方便，但稳定性较差。短身陀螺一般都在3厘米以内，着鞭部位小，不易抽准，但稳定性好。

短身陀螺中有一种玩法叫金钩钓鱼，在陀螺上顶中心钉一小撮棉线，棉线在转动中与鞭梢绞结在一起，慢慢提起鞭子，陀螺就会转着离开地面，像钓鱼一样，非常有趣。

（二）空竹

空竹是一种民间音响玩具，用竹木制成，中空，因而得名。江南一带也称之为扯铃。

1. 空竹的起源

“竹筒短短开风门，胡绳曳之独足奔，牛鸣土窨宫声存”，这是清代人陆奎勋的《京邸杂咏》中对空竹的形象描述。有人认为空竹由陀螺演变而来。另一种说法认为最早的空竹起源于“地轴”，邓云乡先生在《鲁迅与北京风土》中有对地轴的介绍：“中间有根尖轴的小空竹，缠上线一抽，丢在地上旋转，嗡嗡作响，叫‘风葫芦’。”

风葫芦就是地轴，有些地方也叫空钟或地铃。地轴用一段竹筒两端封以木板，周围开口，中央穿一根细轴，另有一块带孔的小竹板，把线绕在轴上，另一端穿入竹板孔洞，用力一拉，地轴即高速旋转落地，呜呜作响。

空竹是在地轴基础上演进而成。空竹的制作原理也是类似的。取大约两厘米

高的竹筒，两端封上木板，周围开小口，这样就做好了底盘。底盘中央安装一根中间有细腰的木轴。另外用两根小竹棍子拴一根细线，线绕过木轴，左右手一上一下抖动，空竹便旋转起来，在空气作用下，底盘周围的开口发出声响。

北京单盘空竹

2. 京师空竹

空竹出现以后，在京城非常流行。《燕京杂记》中记载：

“京师儿童，有抖空竹之戏，截竹为二短筒，中作小干，连而不断，实其两头，窍其中间，以绳绕其小干，引两头搂抖之，声如洪钟，甚为可听。”

“杨柳青，放空钟；杨柳死，踢毽子”，《帝京景物略》的这首民谣表明，空竹在老北京是节令性的玩具。厂甸是老北京每年春节的节令市场，玩具货摊上有很多售空竹的，并附以空竹表演。

孙殿起《琉璃厂小志》中说：“空竹亦名空钟，能抖出种种花样，摆摊人均擅此技，借此以广招徕。”《厂甸正月竹枝词》描写了当时的热闹场景：“狗熊傀儡互喧阗，汗粉淋漓跑旱船，抖起空竹入云表，千人仰面站沟沿。”春暖花开的时节，北京城中的胡同里、院落中，小孩争相抖响空竹，悠扬的声响此起彼伏。

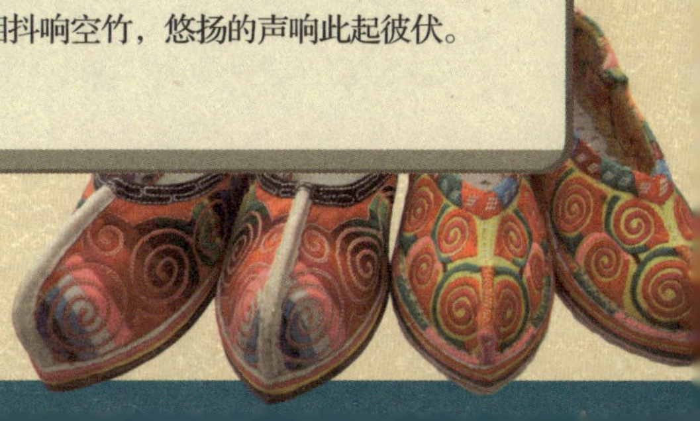

北京双盘空竹

3. 空竹的种类

空竹有单盘、双盘之分。双盘空竹的圆盘在立轴两端，呈车轮状。另有一种“双底座”空竹，两个底盘都安在立轴的一端，上下叠为两层，双层的开口相迭错，甚至还有3层底盘的。因为这类空竹的底盘都集中在木轴的一端，使空竹的重量不平衡，抖起来困难较大，需要较强的体力和较高的技巧。

有一种特殊的“双轴单盘”空竹，一个轮盘的两面都有轴，可以两个人同时抖一个空竹。根据底盘周围开口的数量，空竹可分为双响、4响、5响、6响，甚至36响。

4. 抖空竹

抖空竹具有一定的技巧性，需要学习和练习。依靠手中两根竹棍之间的那根线绳，在线绳的抖动中控制空竹的旋转方向和旋转速度，对于初学者这并不是一件容易的事情。

掌握了抖空竹的基本技法，积累一定的经验并相对熟练之后，可以学习各种特技花样，如“骺杆”、“扔高”、“放地轴”等。

“骺杆”是在空竹达到一定转速后用线拉起空竹，使它滑到手中握着的小竹棍上，继续旋转，转速减弱后再滑放到线上，继续抖。

“扔高”是在空竹抖稳后突然拉绷线绳，把空竹弹上高空，空竹落下后用线绳接住，继续抖。

“放地轴”是把单盘空竹抖到一定速度后，立轴的尖头朝下放在地上，空竹便像陀螺一样转动起来，转速减弱时，及时用线套起来，继续抖。这3种技法是比较常见的，较易掌握，而且有趣。

其他的花样抖法还很多，比如“海底捞月”、“彩云追月”、“金鸡上架”、“织女纺线”、“鲤鱼摆尾”等。

有一种叫“蚂蚁上树”的玩法，需两个人配合，把一根长绳的一端系于树梢，另一端有一人用手握住；另有一人抖动空竹，忽将飞转的空竹抛向长绳，持绳的人用力拉动长绳，将空竹抛向高空，空竹落下时，抖空竹的人稳稳接住，技艺之高超，令人惊叹。

抖空竹不但能锻炼身体，促进健康，而且具有较强的观赏性和竞技性，具有无穷的魅力和乐趣。

空竹制作老人表演抖单盘空竹

大小单盘空竹

捌 门神年画

一、贴喜画，过大年

民间年画、门神，俗称喜画，年画是我国一种特有的民间绘画体裁，是春节时老百姓张贴在门、窗、墙、灶等处以增添喜庆气氛、祝福新年吉祥的民间工艺品。年画也是中国民间最普及的艺术品之一，成为我国老百姓喜闻乐见的传统艺术形式。每逢新春佳节，家家户户在室内贴年画，户上贴门神，以祝愿新年吉庆，驱邪纳祥，增添节日的喜庆气氛。

（一）年画的称呼

年画在历史上有不同的称呼。宋朝叫纸画，明朝叫画贴，清朝叫画片，清朝道光年间，李光庭在文章中写到："扫舍之后，便贴年画，稚子之戏耳。"年画这一名称才定下来。

年画的名称也因地方而异。北京叫画片、卫画，浙江叫花纸， 苏州叫画张， 四川叫斗方，福建叫神符。以前年画根据其制作的工艺和时间叫法也不一样。整张大的叫宫尖，一纸三开的叫三才。加工繁复细致的叫"画宫尖"或"画三才"。用金粉描绘的叫金宫尖或金三才。六月以前制作的产品叫青版，七八月以后制作的产品叫秋版。

（二）门神、年画的起源

河南朱仙镇木版年画大吉大利

年画起源于古代的门神画，最初是辟邪驱鬼的符录。古代好祭祀，门是每日必经之处，人们自然对其加以重视，不但祭祀门神，而且将门神人格化。晋代《荆楚岁时记》记载：“贴画猫鸡户上，悬苇索于其上，插桃符其旁，百鬼畏之。”

汉朝门神多为神荼及郁垒。《山海经》载有度朔山上有神荼、郁垒二神人执苇索缚鬼以饲虎的传说。相传在东海渡朔山上有一棵弯曲伸展三千里的大桃树，它的枝杈一直伸向东南方的鬼门，山洞里的鬼神都要由此出入，树下有两位神将把守。这两位神将是两兄弟，名字叫神荼、郁垒。他们发现有害人的恶鬼，就用苇索捆住送去喂老虎，使人们得以安居乐业。后来在除夕夜人们便在桃木板上画两位神将的像，悬挂于大门两侧，用以镇邪驱鬼，祈福纳祥。至今桃木仍是民间巫术和信仰仪式中用于驱鬼的神木或护身符。

唐代的门神较多见的是秦叔宝和尉迟恭。粉面红润，凤眼蒜鼻而唇厚顺髯，腰佩宝剑与弓的是秦叔宝将军。面色如焦，浓眉瞪眼，且一脸腮胡，腰佩宝剑与弓箭的是尉迟恭将军。二人采双足八卦步的立姿，双手上下护胸，并执长柄钺兵器。

关于他们成为门神的原因还有一段故事。相传侄河龙王因为故意改变行雨的时辰和下雨的雨量，犯了天条，将被唐太宗的宰相魏徵斩首。龙王向唐太宗求救。唐太宗答应了，故意请魏徵前来下棋，以耽误监斩时辰。没想到午时三刻，魏徵在棋桌上睡着了，就在梦中斩了侄河龙王的头。从此，龙王就天天来向唐太

门神神荼、郁垒

宗索命，鬼魅哭号，吵得唐太宗无法入睡。唐太宗让群臣献计，秦叔宝站出来说自己愿意和尉迟恭戎装立于门外守卫。他们全身披挂地站立宫门两侧，结果宫中果然平安无事。这样唐太宗才睡上好觉。

唐太宗李世民认为两位大将太辛苦了，心中过意不去，命令画匠将两位将军的画像画在宫门上，以镇压鬼魅。民间纷纷仿效，一直到现在人们还贴秦叔宝和尉迟恭的像于门上。

随着木板印刷的兴起，年画已不仅限于门神。我国收藏最早的年画是南宋木刻年画《隋朝窈窕呈倾国之芳容》，画的是王昭君、赵飞燕、班姬和绿珠四位古代美人，所以也叫四美图。今日被保存下来的年画还有明万历年间最流行的彩色套印的木刻福禄寿三星图、天官赐福图等。我国民间广泛流传的年画《老鼠娶亲》，形象地描绘了老鼠依照人间的风俗迎娶新娘的有趣场面。其构图

河南朱仙镇
木版年画
吉星高照

生动活泼，热闹非凡。

现在的门神或年画已经非常多样化。它们的功能也由驱邪除魔变成了新年装饰和表达新年憧憬的方式。

二、迎祥瑞，祛灾祸

人们借年画表达迎福纳吉，招财进宝，多子多孙，大富大贵的美好愿望。年画作坊中制作五福吉祥画、天官赐福、福寿三多、吉祥如意、五子登科等题材的彩色年画，以满足人们喜庆祈年的愿望。这些年画都包含了丰富美好的含义。

（一）五福吉祥画

五福在《尚书》中指长寿、富贵、健康安宁、遵行美德和高寿善终。后世民间则把福、禄、寿、喜、财称为五福。因为蝙蝠的“蝠”与“福”同音，人们便用五只蝙蝠来比喻五福。传说中蝙蝠是长寿的动物，蝙蝠在中国人的传统中象征着长寿、福气、吉祥和幸福。蝙蝠进入家门是“福临门”的征兆。

中国民间的《五福和合》吉祥图，图上五只蝙蝠一齐飞进一个带盖的圆盒内，“盒”与“和”、“合”同音双关，这幅图表达了五福齐到、家庭和谐幸福的寓意。有名的杨柳青年画《五福临门》画了五个朝服天官各拿着一道圣旨，上绘蝙蝠，它象征了天降五福于门前，饱含祥瑞吉庆之意。

河南朱仙镇木版年画大馗头

（二）天官赐福

中国民间多认为三官中的天官是福神。道教中的三官是指天官、地官和水官，道教中有天官赐福、地官赦罪、水官解厄的说法。中国民间天官赐福信仰很普遍，人们敬奉天官，祈求天官赐福。所以“天官赐福”的吉祥图或年画也很常见。

图上画着慈祥和气的天官抱着如意，五个童子各捧吉祥物围绕在他身旁，或者天官抱着五个童子，童子手中分别捧着石榴、仙桃、佛手、梅花和吉庆花灯。图画寓意福星高照、吉祥富贵。也有把天官画成身穿大红袍的一品官员，手中拿着展开的“天官赐福”诰命，上面有蝙蝠从天飞来，意指上天降福人间。民间戏班开场必演《天官赐福》，表示天官将赐福来看戏的所有人。

河南朱仙镇
木版年画
利市仙官

河南朱仙镇
木版年画
天官赐福

（三）福寿三多

“三多”指多福、多寿、多子。多福、多寿、多子很长时间以来都是中国人的美好追求和理想。这种愿望通过形象的实物得以表达。

中国民间的《三多图》大多由佛手、桃子和石榴三种果实组合而成。佛手的“佛”意味着神佛，又与“福”谐音，有幸福的寓意。民间也传佛的手能握财宝，有财宝表示有福，所以佛手成为祈福纳吉的吉祥物。桃子代表多寿，传说王母娘娘有蟠桃，吃了可以长生不老，中国民间常以桃来祝寿。石榴是多子的果实，象征着多子多孙，人丁兴旺。年画中的《福寿三多》画着三个活泼可爱的儿童各抱着或举着一种鲜果：佛手、桃子、石榴，表达了人们对理想美好生活的追求。

（四）吉祥如意

如意是中国人尽皆知的吉祥物。如意是佛教八宝之一，为僧人记录经文的佛具，而且其名字很吉祥，所以成为中国长期以来的吉祥物。人们创造了心形、灵芝形和祥云形的如意纹样。人们的日常生活中的建筑、家具、衣物、装饰等常应用这些纹样。

年画中的吉祥图案也多取如意为题材，瓶中插如意或以如意形位瓶耳称为平安如意，两个柿子或狮子和如意代表事事如意，蝙蝠、寿字和如意组合成福寿如意，如意穿过两个喜字叫做双喜如意，童子或仕女手持如意骑象象征吉祥如意。

（五）五子登科

五子登科的吉祥图案是我国民间特有的民间风俗和吉祥物。它起源于一个古老的传说：一位叫窦禹钧的人横行乡里，为非作歹，但他听从梦中祖父的劝告，痛改前非，有了好名声，于是他得到了5个儿子。他严于教子，最后5个儿子都品学兼优，很有出息。五子登科图表达了人们期望子弟能取得像窦家子弟那样的成就的愿望。

常见的五子登科图一种是站在巢上的威武大公鸡叫唤巢边的五只小鸡，因“叫子登第”与“教子登第”谐音，公鸡的鸡冠寓意加官。另一种是四个儿童围着一个大儿童抢他手中的头盔，因“盔”与“魁”谐音，故称五子夺魁，寓意子弟在考试中名列魁首。

三、家家会点染，户户善丹青

我国地域广阔，各地的民俗风情、人文传统都极具地方特色。所以不同产地的年画表现出鲜明的地域文化特征，无论是题材内容、刻印技术，还是艺术风格，都具有自己鲜明的特色。从习惯的体裁、用色、线条及其不同的版味就能识别出其产地。

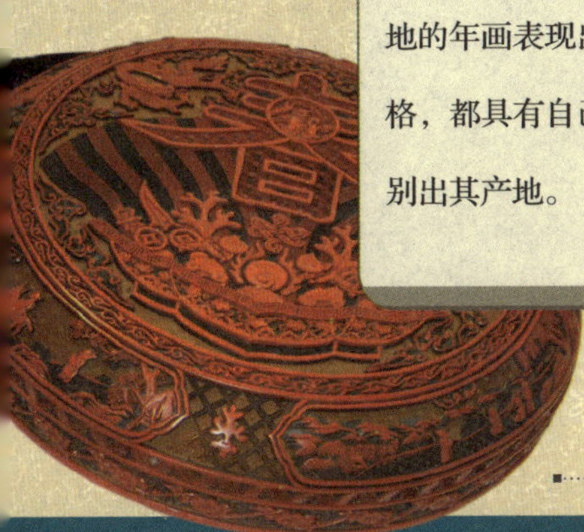

高密扑灰年画

经过长期的发展，天津杨柳青年画、江苏桃花坞年画、山东潍坊杨家埠木版年画和四川绵竹年画成为我国年画的著名流派，被誉为中国年画四大家。在用色上，杨柳青年画多用粉、紫、橙、绿色，鲜艳明丽；桃花坞多用红、黄、蓝、绿、黑色，色彩强烈；杨家埠年画常把红与绿、黄与紫、黑与白相结合，对比强烈；绵竹年画爱用洋红、桃红、佛青、黄丹、品蓝、品绿，明朗清亮。除了色彩之外，四大家年画还有其他鲜明的地域特色。

（一）天津杨柳青年画

古镇杨柳青位于天津城西。杨柳青年画始于元末明初，历史悠久，以其产地而得名。据说当时有一名长于雕刻的民间艺人因避难来到杨柳青镇，为了生存，逢年过节就刻些门神、灶王神兜卖，镇上的人纷纷模仿。而后运河疏通，商客及文人的聚集大大促进了当地年画制作业的发展。

过去杨柳青镇及附近村庄多从事年画制作，作坊林立，有“家家会点染，户户善丹青”之说。杨柳青年画的特点是色彩明艳，活泼热闹，画面喜庆，富有表现力，具有浓烈的地方生活气息。

杨柳青年画采取木刻套印与人工彩绘相结合的制作方法，先用木板印出线纹，再用彩笔填色，形成了一种既保持着木版年画的木刻韵味，又不失传统手工彩绘风格的特有格调，具有很强的民间艺术韵味。而且同样一幅杨柳青年画坯子，可以分别画成精描细绘的“细活”和粗犷豪放的“粗活”，艺术风格迥然相异。

杨柳青年画的题材多种多样，取材内容极为广泛，与人民生活密切关联。常见的题材有仕女、娃娃、神话传说、戏曲故事。著名的传统年画《莲年有余》上娃娃体态丰腴，神采奕奕，非常惹人喜爱。他们手持莲花，怀抱着通红的大鲤鱼，象征着吉祥美好，人丁兴旺，丰盛有余。

有趣的是太平天国时期的年画上见不到这些可爱的娃娃。太平天国信奉拜上帝教，反对个人崇拜，提倡人人平等。因此太平天国时期的年画，内容包括花鸟鱼虫、山水风光，但是没有人物。这就是人们所说的“瘪瓜子——没仁（人）”。

杨柳青年画创立了鲜明活泼、喜气吉祥的独特风格，并以感人题材和喜闻乐见的形式受到人们的喜爱，成为新春佳节装饰房屋、烘托节庆气氛不可缺少的民间工艺品。在中国版画史上，杨柳青年画与江苏苏州的桃花坞年画并称为“南桃北柳”。

（二）江苏桃花坞年画

苏州桃花坞的木版年画是江南流传最广、影响最大的一种民间木刻年画，被称为“姑苏版”年画。

桃花坞位于苏州市北阊门内北城下，风景秀丽，风流才子唐伯虎曾在此建桃花庵别墅，并作《桃花庵歌》。传说最早的年画是唐伯虎作的《风流绝畅图》。

苏州年画在明末就已形成独特风格，构图对称，色彩绚丽，富于装饰性，接近民间生活，而且还对日本的“浮世绘”产生相当的影响。

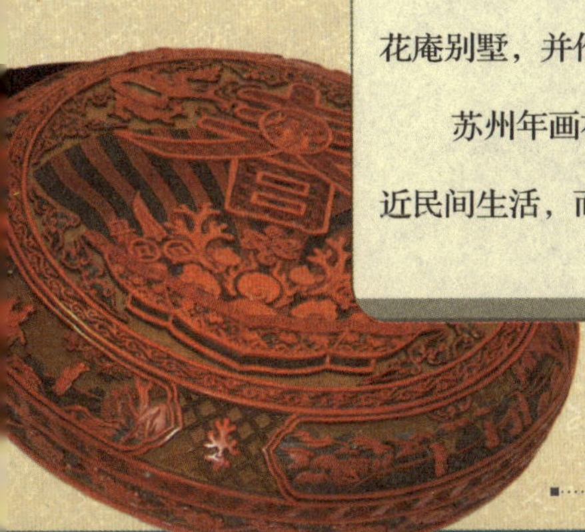

桃花坞年画有门画、中画和屏条等形式。其制作精细，用一版一色的木版套印方法印刷，有的还要经过描金、扫银、敷粉等工序，具有秀雅的江南民间艺术风格。

桃花坞年画常以紫红色为主调表现欢乐吉祥的气氛。内容主要是民俗生活、戏曲故事、花鸟蔬果和驱鬼避邪等传统民间题材，流行的有白蛇传、西厢记、三美图、百子图、姑苏万年桥、花卉图、耕织图、大庆丰收年、拜月图、戏雪图、寿字图等，还有滑稽年画和常识年画，如老鼠娶亲、五鬼闹判、百鸟图、西湖十八景等。

年画的销售主要集中在农历腊月。摊贩们在集市上就地摆摊，边唱边卖；也有小贩走街串巷，边走边卖，并通过说唱来吸引顾客。他们一般讲唱和年画的内容相关的故事，唱词生动有趣，曲调丰富多彩。独具韵味的说唱回荡在街头巷尾，使年节的祥庆气氛越来越浓。

（三）山东潍坊杨家埠年画

杨家埠素以生产木版年画而著称，杨家埠的木版年画至今已有300多年的历史。传说明朝后期有位太监回杨家埠探亲，从宫中带回一幅彩绘门神像，乡亲们见了十分喜欢。当时有个善于雕刻绘画的人，巧妙地把这幅画临摹下来，雕成木版，涂色印制，分发给乡亲们，使大家都贴上了皇宫的门神像。从此，木版年画在杨家埠便盛行起来，并且一度出现“画店百家，画种过千，画版上万”的盛况。

杨家埠木版年画初期受到杨柳青年画的影响，在发展过程中形成了自己独特的风格。杨家埠年画按传统方式制作，靠手工操作进行生产。艺人首先“朽稿”，即用柳枝木炭条、香灰作画，然后再描线稿反贴在梨木版上雕刻。年画题材广泛，想象丰富，色泽明快，对比强烈，线条粗犷，朴实自然，具有浓厚的乡土气息。

杨家埠年画内容主要包括六大类，即年年发财、金玉满堂等大吉大利类；过年、结婚等风俗类；财神、门神等招福辟邪类；八仙过海、三顾茅庐等传说典故类；打拳卖艺、升官图等娱乐讽刺类；三阳开泰、四季花鸟等瑞兽风景类。

杨家埠以前卖年画时兴唱小段，流行的唱词有：“一进门来苏东坡，坐下韩信问萧何。不是本号不赊账，如今要账太啰嗦。赊账如同三结义，要账就像请诸葛。”

（四）四川绵竹年画

四川绵竹地处西陲，过去交通不便，受外来影响较小，年画风格更趋于粗犷古拙，具有浓厚的民族特点和鲜明的地方特色。

绵竹年画色彩强烈明快，红火热烈；线条刚柔结合，自然流畅；构图主次分明，疏密有致；造型夸张诙谐，活泼大方。

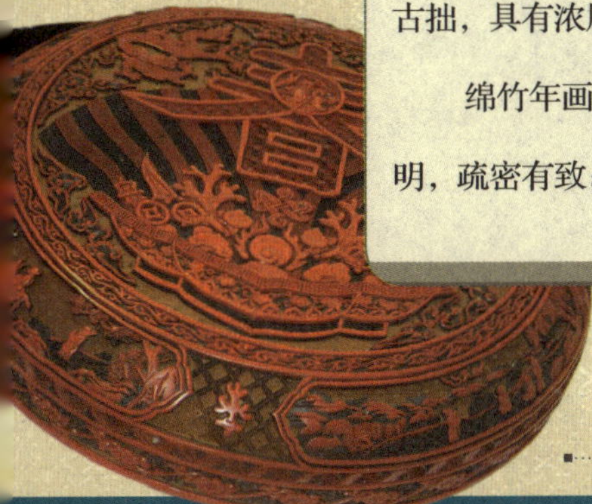

绵竹年画分为红货和黑货两大类。红货指彩绘年画，包括门画、斗方、画条。门画贴于大门、厅门、房门、灶门之上。画条又分为中堂、条屏、横推、单条等，贴于厅堂、居室、走廊及牲畜圈等处。黑货指以烟墨或朱砂拓印的木版拓片，内容多为花鸟、山水、神像以及名人字画等，多为中堂和条屏。

其他著名年画还包括朱仙镇木版年画、武强年画、佛山年画、凤翔木版年画、滩头木版年画等。年画是中华民族祈福迎新的一种民间工艺品，承载着人民大众对生活的热爱和对未来美好憧憬。千百年来，年画不仅点缀人们的节日生活，表现了人们乐观向上的情感态度，这种质朴的民间艺术形式还具有文化流通、道德教育、审美传播、信仰传承的功能。

河南朱仙镇木版年画麒麟送子

玖
剪纸皮影

一、剪纸——线与面的组合

剪纸是我国民间工艺的优秀代表。剪纸工艺在中国已有上千年的悠久历史。新疆吐鲁番出土了我国已发现的最早的剪纸作品，包括墓葬中的“对猴团花”、“对马团花”，这是剪纸用于丧葬习俗中的证据。出土的剪纸造型还有“菊花形团花”、“忍冬纹团花”、“八角形团花”。古时人们还把剪纸花贴在屏风上，或插在妇女头鬓上作为装饰。唐代时，剪纸艺术发展迅速，民间用剪纸招魂，诗圣杜甫有“剪纸招我魂”的诗句。宋代剪纸得到进一步普及，剪纸的运用范围扩大，在南宋还出现了以剪纸为职业的民间艺人。明朝以后，剪纸中加入吉庆祥瑞的主题纹样，成为重要的居家装饰品。

（一）剪纸的种类

剪纸的式样有窗花、墙花、门笺、喜花、鞋花、衣袖花、礼花等。窗花是贴在窗户上的剪纸，以镂空透亮为原则。墙花是张贴在墙上的剪纸，贴在炕上的则叫炕围花，比窗花稍大。门笺挂在门楣上，是镂空带流苏的剪纸。喜花用于结婚时，图案文字吉祥喜庆。鞋花是用作鞋面刺绣底样的剪纸，以花鸟鱼虫为主要题材。衣袖花是用于为衣服袖口部位刺绣的底样。礼花则是赠送亲友的吉祥剪纸。

窗花

（二）剪纸行业习俗

剪纸行业也有行会组织，会中举行拜师仪式，制定行规，交流技艺，商定统一价格。会员做会朝拜祖师“西陵圣母”嫘祖或八仙中的蓝采和。会员以兄弟相

脸谱剪纸

称，用行话和口诀交流，相互间往来走动、管茶待饭。同行间相互提携，以礼相待。外地艺人到本地做生意，只能待3天，违规者要受罚。

学徒拜师要请酒席，学徒期为3年。学手艺前要先学叫卖，可别小看叫卖，在这一行当中，会用叫卖的方式卖货兜生意是“四会”中的一项，其他三项指会画稿，会刻纸，会染色。出师后，师傅及同行送他六本花样垫底，意指六六大顺。

（三）剪纸与日常民俗生活

未展开的剪纸花样

剪纸这一传统民间艺术与人们的日常生活紧密相连，渗透到人们生活的各个方面。人们在门窗、衣柜、灶头、炕围、水缸、米缸、供桌、礼馍上都用剪纸装饰。

“二四扫房，二七贴花花”，新春佳节剪“挂钱”、窗花点缀节日。在山西，人们祭灶时要剪灶王爷乘坐的草料搭子。元宵节的花灯也少不了剪纸的装饰，农家还用剪纸祈求风调雨顺。“油门又糊墙，剪花迎新娘”，结婚时剪“囍”字、喜花增添喜庆气氛。祝寿时剪寿花装点寿礼；举行葬礼时剪“岁岁纸”以示哀悼。

内蒙古达斡尔族
剪纸哈尼卡

五月端午剪五毒花样驱邪避灾，河南农村妇女还剪出嘴里叼着蝎子的雄鸡贴在门上，雄鸡下面写着：“五月里，五端阳，吃粽子，饮雄黄，金鸡贴在俺门上，蝎子蜈蚣都死光”，以此祈求全家不受五毒之害。

（四）剪纸与民俗信仰

1. 抓髻娃娃

内蒙古包头
剪纸抓髻娃娃

民间还有其他具有特殊用途的剪纸，抓髻娃娃便是其中之一。抓髻娃娃有男性和女性，一般男性抓髻娃娃是头顶单髻，女性抓髻娃娃梳双髻。

抓髻娃娃能用于辟邪、镇宅、祈雨、求子，所以也有不同的称呼，如簸箕娃娃、祈雨娃娃等。

在我国西北地区，如果某家小孩受了惊吓，家中亲属会剪一个抓髻娃娃，让孩子母亲拿去叫魂，吓跑的灵魂听到妈妈的呼唤就会回到孩子身上。

如果有人生病了，家人也会拿着抓髻娃娃在病人身上来回移动，口中还一边念叨：“送了头上头上轻，送了身上身上轻，送散了，不见了，病再不犯了。”然后把抓髻娃娃的剪纸拿到十字路口烧掉，这样抓髻娃娃就会把病人身上的病带走。

2. 扫晴娘

卷袖褰裳手持帚，挂向阴空便摇手。
前推后却不辞劳，欲动不动谁掣肘？
偶人相对木与土，神女但夸朝复暮。
龙公不作本分事，中间多少闲云雨。
见说周人忧旱母，宁知东海无冤妇。
殷勤更倩封家姨，一时断送龙回首。

这是元初李俊民《扫晴妇》一诗中对扫晴娘的生动描述。古代天旱不雨时，人们用纸剪一个手持扫帚的“扫晴娘”，挂在屋檐、门窗等处以求雨。

各地都有挂扫晴娘的风俗，有些地方也叫“扫晴妇”、“扫天婆”、“扫天娘娘”、“扫天媳妇”等。扫晴娘双腿叉开，双手举帚，或一手举帚，一手持锣。清代《燕京岁时记》中记载：“六月乃大雨时行之际。凡遇连阴不止者，则闺中儿女剪纸为人，悬于门左，谓之扫晴娘。”久雨不晴，则用扫晴娘祈求天晴。甘肃庆阳秋收时节如遇阴雨连绵，则用彩纸剪一扫天婆，在其手中粘一缕笤帚细梢，用线挂在细杆上，插在高处。扫天婆在风雨中摇摆，就像拿着扫帚在横扫阴云。

挂扫晴娘祈晴或祈雨时，配合有歌谣和咒语。

河北北部流传《扫晴止雨歌》：

扫晴娘，扫晴娘，
三天扫晴啦，

给你穿花衣裳。

三天扫不晴，

扎你的光脊梁。

河北西部则分别有祈晴和祈雨的祝祷，祈晴时唱念：

扫天媳妇真不瓤，

手拿扫帚忙又忙。

黑云疙瘩都扫去，

今儿就要出太阳。

如果要祈雨时则唱念另一种祷辞：

扫天媳妇扫得欢，

扫了一遍又一遍。

扫来黑云遮太阳，

顷刻大雨下庄田。

陕北也流传着具有信天游特色的《扫天歌》：

扫天媳妇扫天啦，

下得多了遭灾啦。

先扫阴，后扫晴，

三扫扫得满天明，

四扫小媳妇穿花鞋，

五扫老婆子烧干柴。

剪纸也与人们的祖先崇拜信仰相结合。汉族剪纸最常见的题材之一就是龙，龙被尊为“四灵”之一，是华夏族裔的崇拜对象。而且龙是降雨之神，能保佑百姓风调雨顺，五谷丰登。

苗族剪纸造型原始奇特，形象诡秘，常把动物的脊骨和内脏也刻画出来。其内容多取材于创世神话的苗族古歌，具有浓郁的苗族文化色彩。苗族有“蝴蝶妈

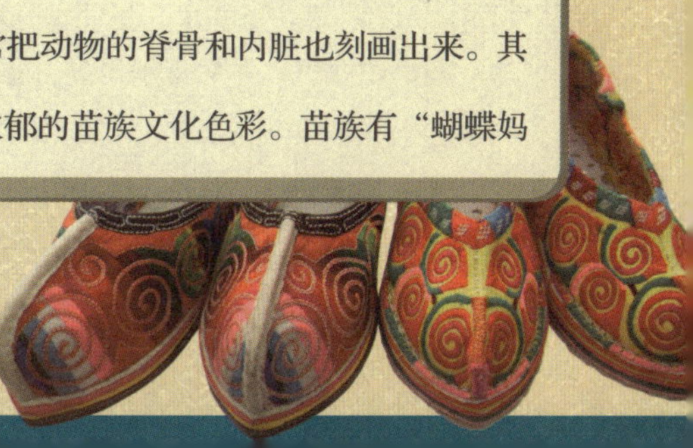

妈”的剪纸，蝴蝶妈妈是由枫树生的，是人与动物的共同祖先。剪纸中的蝴蝶妈妈人首蝶身，上下有两只大鸟。在《苗族古歌》说，蝴蝶妈妈和水上的泡沫恋爱而怀孕，生了12个蛋，请一种叫“脊宇”的鸟孵化，孵出苗族祖先姜央、雷公、龙、象、虎、水牛、蛇、蜈蚣等12个兄弟。

（五）剪纸的地域性特征

各地因自然地理、风俗习惯、文化环境的差异，各地的剪纸风格各不相同，剪纸在节日装饰、人生仪礼和巫术宗教所扮演的角色也有差别。南方剪纸、北方剪纸和少数民族剪纸都具有鲜明的地域性特色。南方剪纸线条精致流畅，北方剪纸则粗犷浑厚，少数民族的剪纸在艺术夸张和变形方面有独到之处。

1. 苏州剪纸歌

江苏邳县流传着一首《剪纸歌》：“小白纸，方正正，用它剪纸多威风。南京用它做文章，北京用它画成凤。小纸落到我手里，我拿它来铰花样。能铰龙，能铰凤，能铰猴子满山蹦；能铰山，能铰水，能铰万物美又美；猪八戒，孙悟空，陪着唐僧去取经；秦香莲，穆桂英，诸葛亮来借东风……”

2. 陕西剪纸

剪纸在陕西农村非常普及。信天游中唱道：“养女子要巧的，石榴牡丹冒铰的。”

陕西的剪纸闻名全国，剪纸造型简洁洒脱，淳朴粗犷。剪纸艺人随心所欲，自由发挥，不拘泥于任何规则样式，想怎么剪就怎么剪，随意性很强。比如剪兔子是剪纸艺人头脑中的兔子形象，突出两只长耳朵，一个裂缝三角嘴，一根小尾巴，其他部位随意剪成。在兔子身上再剪一只小兔子，则证明兔子已经怀孕，表示生育的意思。

剪纸图案可以非常夸张概况，不合透视关系，不合正常视觉表象，比如眼睛

内蒙古达斡尔族
剪纸玩具哈尼卡

可以用花朵来表示，鱼身可以用水纹来表示，龙爪可以用云雾来表示。剪纸用途广泛，比如刺绣或木雕的底样、春节的窗花、结婚的喜花、丧葬中的纸活儿、社火表演中的道教等。

陕西剪纸中，“三边”剪纸独具一格。“三边”是指靖边、定边、安边，这三地的剪纸纤巧细微，玲珑有致，既有当地的古朴，又融入了江南的细腻。

3. 河北蔚县剪纸

河北蔚县的剪纸以刻代剪，在剪纸中独树一帜。蔚县剪纸相传已有两百年的历史。蔚县剪纸以窗花见长，善于处理光线和色彩图案之间的关系，吸收借鉴木版年画的艺术特点，以“阴刻”和“色彩点染”为主，有“三分工七分染”之说。

窗花吉祥平安　王静波 摄

蔚县剪纸题材多为戏剧故事人物，有上百个戏曲人物图样。民间流行的窗花一般用剪刀剪成，而蔚县的

窗花则多由专业刻纸艺人用刀子刻成。先用笔在之上画好图样，然后把它铺在要雕刻的纸样上，用特制的小刀照着图样进行雕刻。刻好后，要给窗花上色，做成彩色窗花。蔚县城里还有经营窗花颜料的老店“德本裕”和“天常德”。

刻纸需要画稿，有的画稿代代相传，保存了古老的样式。剪纸艺人卖窗花时，还用亮子来展示商品。亮子是木制的，像房屋的窗户一样，窗格内贴上剪纸，竖立在街上供人们挑选样子。

4. 山东剪纸

山东剪纸主要集中在惠民和胶东一带。惠民地区的剪纸风格简洁粗犷，相比之下，胶东一带的剪纸要柔和细致得多。

山东蓬莱高密的剪纸不但历史悠久，而且独具特色。其风格特征是块与线条形成黑白灰色调，富有韵律感；线条刚劲有力，浑厚粗犷；构图精巧独特，夸张而不失真。题材包括吉祥图案、花鸟鱼虫、戏曲故事等。

山东有些地方把剪纸中的锯齿纹叫狗牙牙或猫牙牙。当地人流传“剪有狗牙牙，早日生个胖娃娃”的说法。狗牙牙是象征生命的符号，具有保护生命的神奇力量。当地歌谣唱到：“狗牙牙，猫牙牙，都来保护俺娃娃。”狗牙牙、猫牙牙还出现在绣花花样中，送给孩子作为生日贺礼。

5. 东北满族剪纸

东北满族以白色为吉祥，红色为凶险，其剪纸多白色。满族人剪纸不是贴在窗户玻璃上，而是摆在窗台上，所以有立体的剪纸。满族流行萨满文化，萨满教崇拜自然神和祖先神，满族剪纸原是萨满举行宗教仪式所用的神偶，比如嬷嬷神成为嬷嬷人剪纸。

6. 浙江剪纸

浙江浦江剪纸细腻生动，强调画面的完整性，其题材以花鸟动物和戏曲人物为主。所剪的动物外形逼真，用工笔画似的细毛增强动态感和韵律

吉林长白山
满族剪纸

感，使动物造型栩栩如生。人物剪纸题材多取自人们熟悉的婺剧故事和民间传说，以阴刻手法表现背景图案，与前景人物构成虚实对比，增强画面立体感。

浙江乐清的刻纸工艺源于当地的扎龙船灯的习俗。每年元宵节，乐清的民间艺人都要扎龙船灯，并要在龙船灯四周贴满细纹刻纸，当地人称之为“龙船花”。受到这种龙船灯装饰的影响，乐清的剪纸风格精细工巧，纤细玲珑。艺人可以在一平方厘米的纸上，刻出42条细线。乐清刻纸的构图采取中心主题图景与边框细纹图案相结合的形式，图案部分密而不乱，纤而不繁，工而不腻。

7. 广东佛山剪纸

广东佛山剪纸刻工精细工整，玲珑秀丽，具有很强的观赏性和装饰性。佛山剪纸的历史很悠久。早在宋、元时期，佛山剪纸就已成为出售的商品，清代乾隆年间达到鼎盛。

佛山剪纸除了剪和刻以外，还采用凿、衬、印、手绘等技法。刻纸利用佛山有名的特产铜箔和色纸作主要原料，具有色彩丰富、苍劲豪放的地方特色。

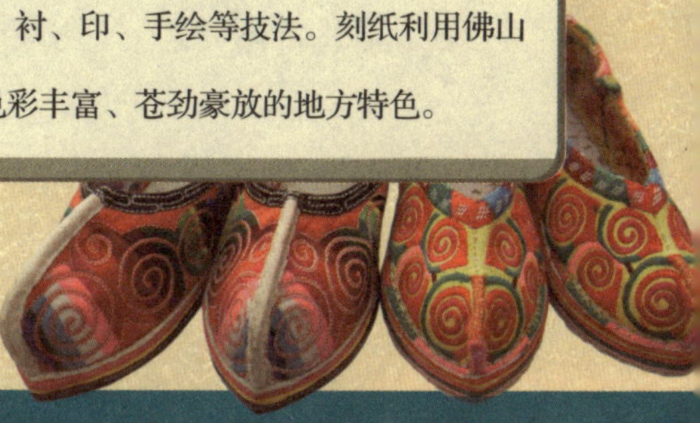

在色彩方面，画面鲜艳调和、和谐夺目，根据剪纸材料的不同，或以粉红、玫瑰红、粉蓝、红丹白等为主，或以橙红、粉红、槐黄、芥黄、紫、深绿和浅蓝为主，颜色使用得当，凸显出剪纸独特的艺术效果。

除了纯色剪纸外，还有衬色剪纸、写料剪纸和铜凿剪纸。纯色剪纸是用一种颜色的纸剪刻出来的。

衬色剪纸有“铜衬”剪纸和“纸衬”剪纸两种。铜衬剪纸是利用佛山特产“铜箔”刻成各种图案，再贴上各种颜色的纸块。铜箔的光泽使剪纸显得金碧辉煌、色彩灿烂。

纸衬剪纸是用色纸刻成各种图案后，再衬贴上所需要衬托的各种色块，成为色彩斑斓鲜艳的剪纸作品。

写料剪纸也有“铜写”剪纸和“纸写”剪纸两种。铜写剪纸是用铜箔刻成的图案后，在面上涂写颜色，铜箔的金属色泽和颜料的鲜艳颜色相映成辉。纸写剪纸是在白色宣纸上先刻图案，再涂写颜色。

铜凿剪纸为佛山所特有。先刻好图案的一部分外轮廓，然后用特制的小圆珠凿，地在铜箔上按图案线条凿上圆点，再在需衬托的地方涂上颜色，突出花纹图案或人物造型。铜凿剪纸显得珠光宝气，常用作房间和器皿的装饰，也用于爆竹的封面装饰。

佛山剪纸的题材大部分都寄寓如意吉祥、喜庆欢乐的含义。如“龙”、“凤”、“鲤鱼”、“孔雀”、“四时瓜果”、“福禄寿全”、“和合二仙”、“唐明皇游月殿”、“嫦娥奔月”、“赛龙舟”等。

无论岁时节日、婚丧嫁娶、寿辰祭祀、交际礼仪，人们都喜欢用剪纸作装饰。人们的日常生活用品，如烟袋、茶箩、米缸、果盒等，都用贴剪纸装饰，甚至儿童玩具也贴上剪纸。

8. 湖北剪纸

湖北孝感和鄂城的雕花剪纸是剪和雕两种手法相结合的剪纸工艺。雕花手法出现于清代，用剪刀剪纸发展为用小刀镂刻，将纸放在蜡盘上用小刀刻镂。孝感的雕花剪纸刀法流利，纤细秀美，题材多样。

二、皮影——光与影的游戏

皮影戏中的平面偶人以及场景、道具，是由民间艺人手工用动物皮雕刻彩绘而成的皮制品，所以称之为皮影。

皮影是一种古老的民间戏曲艺术，流传范围非常广。皮影戏人物、场景和道具的制作是我国独特的传统民间工艺。皮影也是集剪刻、绘画、音乐、表演、唱白为一体的综合性民间艺术，是具有强烈夸张性和浓厚装饰性的民间工艺美术。皮影制作艺人用洗练有力的雕刻线条来塑造丰富的形象。

皮影人物和器具
王静波 摄

（一）皮影的起源

过去，皮影与剪纸的关系非常密切，皮影可以说是活动的剪纸。皮影戏在古代也被称做影戏或灯影戏。最早的皮影是用多层黏合的纸片刻成的，后来才改进，改用坚韧耐用的羊皮、驴皮或牛皮。

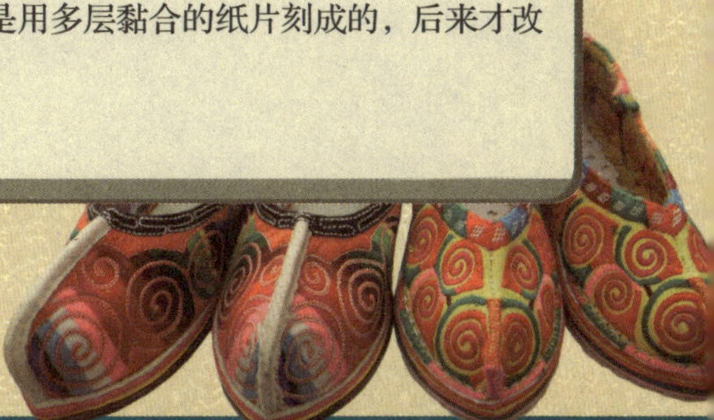

宋代人写的《都城纪胜》中记载："影戏，凡影戏乃京师人初以素纸雕镞，后用彩色装皮为之。其话本与讲史书者颇同，大抵真假相半，公忠者雕以正貌，奸邪者与之丑貌。"宋代时已有专门雕刻皮影的从业人员，雕刻材料既有素纸，也有羊皮。

清代北京竹枝词也描述了当时的皮影表演："剪纸为之，透机械于小窗之上，夜演一剧，亦有生致。"这时皮影的刀法、花纹、色彩和人物造型都有了很大的改进。

传说，汉武帝的爱妃李夫人因病故去，武帝因思念爱妃神情恍惚，终日不理朝政。大臣李少翁有一天出门的时候，在路上遇到小孩手拿布娃娃玩耍，布娃娃的影子倒映在地上，栩栩如生。李少翁灵机一动，想到一个好办法。他回到宫中，用棉帛裁剪出李夫人的影像，涂上颜色，并在手脚处装上木棍。夜晚围方帷，张灯烛，请皇帝坐在帐中观看。武帝看到李夫人的影像，龙颜大悦，心情好转。另一种说法是汉武帝思念死去的李夫人，请招魂师用幻术招魂。夜晚点上蜡烛，挂上帷帐，汉武帝就看见了李夫人的影像，非常高兴，世人以此为皮影戏的起源。

关于皮影戏的来源还有其他的说法。有的说西汉文帝刘恒时期，文帝喜得贵子。有一天，太子不知为什么哭闹不止。大家用各种办法都不能止住太子的哭闹。一位宫娥巧剪桐树叶为人形，照在纱窗上，逗太子玩耍，太子破涕为笑。从此只要太子开始哭闹，就用这种办法来哄逗他。民间还就此事编了一个顺口溜："汉妃抱子窗前耍，巧剪桐叶照窗纱。文帝兴国安天下，活乐传于百姓家。"后来人们在玩这种游戏的过程中将桐叶变成纸，用纸张剪成各种人物、动物的造型，由此发展成为皮影戏。

也有人认为皮影戏由灯影衍变而来，或说皮影戏起源于唐和五代时期僧人设像超度亡灵。总的说来，皮影戏的起源与古代的弄影幻术、镂皮雕饰、剪纸艺术等有密切关系，受唐代傀儡表演、五代拼图"俗讲"和宋代说话词本等的影响而逐渐产生。

（二）皮影表演的民俗功能

皮影戏演出装备轻便，唱腔丰富优美，表演精彩动人，很早就成为人们喜闻乐见的剧种。元朝皮影戏在各地广受欢迎，连军队中都养着影戏班子，供将士欣赏娱乐。当时军队的皮影戏主要歌颂蒙古人的英勇和战功。一代天骄成吉思汗和他的儿子也爱看皮影戏。

逢传统节日和喜庆的日子，人们会邀请戏班，庆贺演出题材喜庆吉祥的影戏。皮影除了娱乐功能外，在过去还是祈福纳祥的活动。元朝人曾记述："傀儡牵木作戏，影戏彩纸斑斓；敷陈故事，祈福辟禳。"云南腾冲刘家寨过去有一种风俗，即在有瘟疫灾情，或有人生病难以治愈时，演出皮影戏，以此祈福迎祥，祛邪免灾，祈求风调雨顺、六畜兴旺、五谷丰登。

在民间愿影的演出非常普遍，愿影是为酬神、祭祀、还愿而演出的影戏，在山西、陕西、甘肃、青海、湖南、江苏、浙江、福建等地都很流行。除此之外，还会演出寿影、乐影、喜影、堂影、会影、太平影、丧影、蚕花影等各类影戏。

皮影表演

（三）皮影的人物造型

皮影非常讲究人物造型。不同年龄、职业和身份的人物都有固定的样式，通过发型、头饰、巾帽和服装等来表现。比如正面人物的头饰为正扎巾，反面人物则为反扎巾，并饰以狐尾。头部形象是最重要的，而皮影人物的身子除少数特定人物专用外，大多数是可以通用的，只要在身子上换一个相应身份的头茬，就变成了另外一个人物。在影人的两手及脖子上安三根操纵杆，就能使影人灵活自如地做成各种动作。

皮影的人物造型特点鲜明。人物整体造型以五分侧面为主，头部的比例略大，大约占整个人的四分之一，胳膊也比较长。皮影戏的人物形象多得不可胜数。戏中有帝王将相、后妃宫娥、兵卒将帅、武侠剑客、商贾贵胄、书生员外、夫人小姐、差役奴仆、民女村夫、妪翁童子、汉满番夷、仙神僧道、鬼魔精妖等角色。这些人物的造型，都要按生、旦、净、丑的戏剧行当进行设计雕刻，用程式化的脸谱来表现人物的刚柔美丑与善恶忠奸。这也是民间表现艺术的特点之一。皮影制作艺人需要熟练掌握各种雕刻技法和表现手法。

对于文雅清秀的生、旦角色，一般都用阳刻空脸脸形，以表现其嫩白纯洁的形象。对花脸 、丑脸角色，则多采用阴刻实脸脸形，以利于勾勒面部的各种丑化形态，也便于上色。有时也采用空实相结合的脸形，使面部造型在影窗上显出更大的色彩反差，从而达到更为强烈的艺术效果。

皮影旦角

正反两派人物的的面部特征很明显，非常容易分辨。“公忠者雕以正貌，奸邪者刻以丑行。”皮影人物造型中有一些程式化的表现手法。在制作皮影造型时，民间艺人总结了一些经验，编成便于记诵的口诀。男性人物形象要求“眼眉平，多忠诚；圆眼睁，性情凶；若要笑，嘴角翘；若要愁，锁眉头”。女性人物形象要求“弯弯眉，线线眼，樱桃小口一点点；圆额头，下巴尖，不要忘记刻耳环”。眼睛的特征：“眼眉平，属忠诚；圆眼睛，性必凶；线线眼，性情柔；豹子眼，性情暴。”

丑角和怪兽等个别的角色雕刻成七分侧面或正面，这样可露出双眼，加大刻画面孔的余地，扩大脸部的表现范围。例如，设计独眼瞎丑角时，若用五分脸造型，根本就无法表现有一只眼瞎。对于骄悍和老年的角色，也是用阴刻实脸时多。但也可以用阳刻空脸形，不过要在空脸上增加几条能表现出年老或骄悍的面

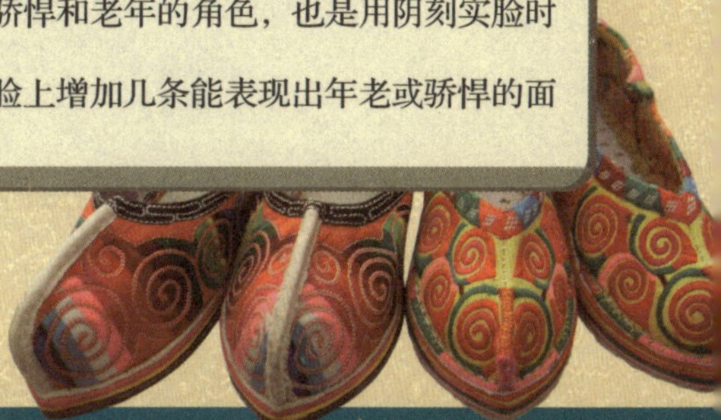

纹才行。

皮影除了人物造型以外，还有龙凤禽兽、花鸟虫鱼 、树木山石、门庭院落、亭台楼阁、军帐兵器、家具摆设、车船马轿、城桥塔寺等场面道具,其造型都与皮影人物相协调一致，同时也表现出平面化、概括化和程式化的特点。

皮影孙悟空造型

皮影人物整体结构和造型特点主要表现在三个方面。第一个特点是头大身子小。皮影将人物的头部比例放大，突出头部的刻画，特别是帽盔、凤冠等头上装饰得非常夸张，精雕细刻增强了头部的观赏性。

第二个特点是人物整体设计上窄下宽。这有利于增强皮影的稳定性，因为皮影由三根杆连接颈部和手臂，主要通过活动上半身来表现各种动作，而下半身则处于悬空状态，上窄下宽的设计便给人以类似于三角形的稳定感，符合实际需要与审美需求。

第三个特点是外简内繁。身躯的轮廓简练概括，衣服的褶皱也非常简单，整体轮廓由几条直线和曲线便勾勒出来。但是，皮影的内部雕刻却非常精细繁复。比如衣服上的花纹图案以及其他装饰，缀刻繁缛，这种处理是为了满足皮影的透光需要。

（四）皮影的地域特色

我国南北各地都有皮影流传分布。河北皮影精美剔透；西部皮影古朴苍劲；长江流域的皮影秀美典雅；福建、台湾的皮影则简洁明快。

1. 皮影的名称

皮影戏在各地的名称叫法也不一样，陕西叫影子戏；东北叫驴皮影；河北叫滦州影；四川叫灯影戏；浙江叫皮图图；广东叫纸影子；福建叫抽皮猴；台湾称皮猴戏。皮影戏具有很强的地域性和群众性。我国幅员辽阔，各个地方都有独特的历史文化生态背景，因此皮影戏因地域差异而形成不同的艺术风格流派。皮影可按区域分为三大流派，即北方影戏、中南部影戏和西部影戏。

2. 北方皮影

北方皮影包括河北、东北和内蒙古等地的皮影，始于金统治时期，明、清时期在北京以东的滦州（今唐山）形成了发展的高峰期。滦州皮影又称为乐亭皮影或驴皮影，是北方皮影的主要代表。北京皮影分为东城派和西城派。其中，东城派皮影就是源于河北的滦州皮影，色彩鲜艳明快，造型俏丽；西城派皮影则受西部皮影的影响，造型较拙朴。北方皮影的造型特点是人物脸谱均为写意的通天鼻梁镂空脸。演员演唱时，用手指掐着喉头发声，形成特殊的声腔。

唐山皮影一般以驴皮为原料，仅人物脸谱及身谱的制作就要经过十余道工序，经过刮皮、浆皮、选皮、划形、择刀、镂刻、着色、上油、组装等工序才能制成。驴皮制作皮影的优点很多，其透明度高，柔韧性好，结实耐用又易于保管。成型后的皮影影人刷上桐油。唐山皮影以线刻见长，刀法犀利，造型夸张，线条流畅，富有装饰性。在雕刻刀法上， 拉刀、推刀、回转、顿挫、明刀、暗刀等讲究颇多。在雕刻工序相应技术上，技艺高超的雕刻艺人能做到环环相扣，繁而不乱，密而不杂。老艺人还将刻镂技艺总结为一首顺口溜：

大刀口，小刀口，
刀口犀利要直走，
里裂外斜最禁忌，
乱加饰物俊变丑，
顺茬作出能直立，

横茬刻完卷又偏。
鼻直眼尖帅盔尖，
斜行一线尖对尖。
嘴角眼角要相对，
刻出影人笑微微。

唐山皮影影人的头脸、手足须雕镂精细，都具有良好的透光性，影窗上看起来人物形象透明鲜艳，生动形象。

3. 西部皮影

西部皮影包括山西、陕西、甘肃、青海、四川等地的皮影，由宋代躲避靖康之乱而向西迁移的中原皮影艺人带入，经历代发展而形成独特的艺术特色。陕西的华县、华阴一带的皮影是西部皮影的主要代表。西部皮影的人物造型高额头，线条优美而有力，轮廓内部以镂空为主，又适当留实。

甘肃皮影的陇东皮影很具有代表性，在造型、雕刻、着色上都独具特色，有异于其他地方的皮影。皮影戏将皮影的头部称为梢子或头茬。甘肃皮影的脸谱可以分为净脸、花脸、奸残脸等种类。净脸脸部以红、绿、黑、黄、蓝、粉中的某一种颜色为主染颜色，画上黑眉毛，镂空上下眼眶，雕成卧鱼眼。大多数人物形象都能一头多用。刻镂花脸要对脸上各个部分的结构和肌肉走向进行变形雕刻，用在一种主色染色后，再掺杂其他颜色。奸残脸的雕刻手法以阳刻为主，用线条来表现脸的轮廓、肌肉纹理表情等。

不同脸谱可以表现不同的人物角色。常见的皮影脸部造型是眼大嘴小、额圆颏方、眉弯鼻直。在细节处理上，根据不同的人物和性格身份作出不同的变化。比如武生用剑眉、环眼来表现他们的勇猛，文生用平眉、鱼眼来表现他们的文静。

皮影戏的梢子越多，说明人物角色越全，可演的剧目也越多。甘肃皮影用于表现生、旦、净、丑等的梢子中，还可分为种类繁多的角色。比如官头梢子分为硬王、软王、全相、黑相、状元、内侍、乌纱、龙纱、狱吏等；旦类梢子分为正

旦、小旦、老旦、彩旦、妖旦、媒旦、犄角旦、刺杂旦等。五分脸为正侧面的造型，镂刻时，通过将眉毛、眼睛横贯脸部的办法，使两部上下有所连接而不易断开。这既是技术上的处理，也表现了皮影独特的审美效果。

4. 中南部皮影

中南部皮影是指中原地区和南方地区的皮影。中原皮影和各地的皮影艺人在北宋灭亡后，迁徙流落到山东和长江流域一带，而后又流转到广东、福建等地，形成了中南部皮影。这一流派的皮影人物造型近于写实，色彩鲜艳，线条简洁，而且大部分保留着宋代皮影“绘革”的特点。

皮影人物和器具

5. 皮影戏班的祖师

我国皮影戏的地域差异明显，皮影戏班供奉的祖师爷也各不相同。陕西和晋中的皮影戏班供奉梨园行的祖师爷李隆基。甘肃、晋南的皮影戏班拜后唐庄宗李存勖。河北、东北的皮影戏班供奉观世音菩萨。河南桐柏皮影戏班敬唐太宗李世民为祖师爷。福建、台湾、广东等地的皮影戏班的戏神是“田公元帅”。

（五）皮影造型中的吉祥寓意

民间吉祥图案在皮影造型中大量应用。图案根据不同的角色进行选择，能突出角色的特征。比如，老生、老旦等年纪大的角色，服饰上多点缀万字不到头、福寿三全、吉祥如意等图案；而文生服饰则多以琴棋书画、岁寒三友等文雅的图案装饰。

桌椅、车轿装饰的图案有富贵平安（牡丹、桂花插在瓶中）、一团和气（大云团图案）、平安如意（如意插在瓶中）、平升三级（瓶中插三只戟）、五福捧寿（五只蝙蝠围着寿字）。日、月、山、河、龙、凤、麒麟等富有吉祥寓意的形象，也是皮影场景道具常见的装饰。

中华工艺